“双防”机理倒推事故根由
——植安全基因于职工骨子里

王若林　王　鹏　李小平　主编

煤炭工业出版社
·北　京·

图书在版编目（CIP）数据

“双防”机理倒推事故根由：植安全基因于职工骨子里／
王若林，王鹏，李小平主编．--北京：煤炭工业出版社，2019
ISBN 978-7-5020-7385-5

Ⅰ.①双… Ⅱ.①王… ②王… ③李… Ⅲ.①煤矿—
矿山事故—事故分析 Ⅳ.①TD77

中国版本图书馆 CIP 数据核字（2019）第 057561 号

“双防”机理倒推事故根由

——植安全基因于职工骨子里

主　　编　王若林　王　鹏　李小平
责任编辑　尹忠昌　唐小磊
编　　辑　李世丰
责任校对　赵　盼
封面设计　罗针盘

出版发行　煤炭工业出版社（北京市朝阳区芍药居 35 号　100029）
电　　话　010-84657898（总编室）　010-84657880（读者服务部）
网　　址　www. cciph. com. cn
印　　刷　北京玥实印刷有限公司
经　　销　全国新华书店

开　　本　787mm×1092mm 1/32　**印张**　5⅛　**字数**　107 千字
版　　次　2019 年 5 月第 1 版　2019 年 5 月第 1 次印刷
社内编号　20192158　**定价**　25.00 元

编委会名单

前　言

2016年1月6日，习近平总书记在中共中央政治局常委会会议上作出重要指示，“必须坚决遏制重特大事故频发势头，对易发重特大事故的行业领域采取风险分级管控、隐患排查治理双重预防性工作机制，推动安全生产关口前移，加强应急救援工作，最大限度减少人员伤亡和财产损失”。2016年10月9日，国务院印发《实施遏制重特大事故指南双重预防机制的意见》。煤矿企业作为高危行业，通过构建安全风险分级管控和隐患排查治理双重预防机制，将风险分级管理挺在隐患前面，隐患排查治理挺在事故前面，应急管理挺在救援前面，实现了安全管理关口前移，是遏制煤矿重特大事故的重要举措。

本书选取顶板、运输、机械、冲击地压、瓦斯、电气、水害、消防、其他九类29个典型安全事故案例，通过对每起事故风险类型描述，找出事故发生存在的人、机、环、管等各类危害因素，提出正确的管控措施，详细剖析各类管控措施失效诱发事故的原因，以“双防”机理倒推事故根由的形式，并辅以漫画插图，直观地帮助和指导煤矿企业加强安全教育培训，结合这些典型案例解析，从中反思、从中警醒，以期广大干部职工牢牢将安全意识固化骨子里、血液中居安思危、警钟长鸣，养成安全习惯，保障员工的安全与职业健康，保障每个家庭幸福，降低企业安全风险，实现企业长治久安！

目　录

顶板事故

运输事故

机械事故

冲击地压事故

瓦 斯 事 故

电 气 事 故

水 害 事 故

消 防 事 故

其 他 事 故

顶 板 事 故

采煤工作面采空区冒落意外伤害事故

一、事故场景描述

某煤矿 1507 普采工作面面长 113 米，直接顶为粉砂岩，深灰色，性脆，易冒落，顶板下铺设金属网，使用单体进行支护。老顶为中细砂岩，坚硬。

二、事故简要经过

2011 年 5 月 18 日夜班，1507 普采工作面正常生产。该工作面分八段接力式进行支护、移溜作业，职工李某负责第 60~70 节中部槽相关作业。

22时20分，李某在未通知其他人员的情况下，违规进入采空区回撤支柱。李某在第69节中部槽处回撤切顶排柱时，将支柱联绳及防倒硬连接拆除后放液时，支柱失稳倒向采空区。在回撤歪倒支柱过程中，因第69节中部槽后方的切顶支柱已回撤，采空区无支护，顶板突然冒落，李某躯干被垮落的矸石埋住，头部在距离切顶排柱0.4米处被大块矸石砸中，李某当场死亡。

三、事故隐患

（1）矿井对普采工作面采空区管理混乱，采空区与工作面之间没有设置有效的隔挡设施，长期处于连通状态。

（2）现场职工安全意识淡薄，李某施工时违反作业规程中“严禁提前拆除单体联绳和硬连接、回撤切顶支柱作业必须3人同时进行、严禁进入采空区”的相关规定，冒险蛮干、违章作业。

（3）现场管理混乱，班组长未对“严禁进入采空区”的要求进行强调，未安排其他人员与李某配合回撤切顶支柱；管理人员现场巡查力度、频次不够，未及时发现职工的违章行为并制止。

四、风险分析

（一）风险类型及描述

（1）冒顶（片帮）：回撤切顶支柱时存在顶板冒落伤人的风险。

（2）物体打击：回撤切顶支柱时存在支柱歪倒伤人的风险。

（二）危害因素

（1）施工地点未挂设挡矸帘和警示牌（环）。

（2）李某违章进入采空区作业（人）。

（3）李某回撤切顶排柱时未执行“先支后回”制度（管）。

（4）切顶处顶板破碎，未采取远距离放液、回柱（人）。

（5）不按照规程规定，只安排1人回撤切顶排柱（人）。

（6）切顶处未按规定悬挂便携式甲烷检测报警仪（管）。

（7）李某提前拆除单体联绳和硬连接（人）。

（三）风险评估

采用矩阵法对风险点存在的风险进行评估。

安全风险评估表

序号	风险点	风险	风险描述	风险评估			
				可能性	损害程度	风险值	风险等级
1	1507工作面	冒顶（片帮）	回撤切顶支柱时顶板冒落可能造成伤人的风险	2	5	10	一般风险
2		物体打击	回撤切顶支柱时支柱歪倒可能造成伤人的风险	4	1	4	低风险

（四）管控措施

（1）在切顶线处设置挡矸帘和警示牌，防止人员进入采空区。

（2）回撤切顶排柱时，施工人员必须在滞后采煤机截割方向大于10米处进行移溜、支护、回撤工作；一次只准回一硐，严禁超前回撤。

(3) 严禁提前拆除单体联绳及硬连接。

(4) 回撤时严格执行“先支后回”制度，作业前先清理好退路，使用专用放液工具将切顶单体支柱放液后拉出。

(5) 回撤前，对回撤区域铺设的金属网顶板进行检查，要确保顶板完整，顶板破碎时采取远距离放液的方式，防止矸石冒落伤人或影响回撤。

(6) 回撤切顶密集支柱时，至少3人配合进行，其中2人作业，1人监护。

五、事故教训

该起事故是由于采空区存在冒落伤人风险，矿井对采空区管理不重视，“施工地点未挂设挡矸帘和警示牌”的风险管控失效，形成隐患；同时现场“提前拆除单体联绳和硬连接”“施工人员不按照规程规定3人回撤切顶支柱”“施工人员违章进入采空区作业”3条风险的管控措施失效；加之现场管理混乱，班组长及管理人员履职不到位，最终导致事故发生。如现场认真执行“双防”管控措施，采空区与工作面之间设置隔挡设施、警示标识，班组长安排其他人员与李某配合回撤切顶支柱，李某严格按照规程规定的施工顺序作业，不冒险蛮干，采空区冒落伤人风险将得到有效管控，隐患能够及时排查消除，就能避免悲剧发生。

采煤工作面煤壁片帮伤腿事故

一、事故场景描述

某煤矿 $43_{下}$ 02 工作面面长 168 米，工作面安装有 ZY6400－18.5/38 支架 95 组，SL300 型采煤机 1 台。直接顶为粉砂岩，性脆，易冒落。煤层内生裂隙发育，参差状断口，条带状结构，以暗煤为主，煤质较硬。

二、事故简要经过

2007 年 8 月 20 日早中班，班前会值班人员强调 $43_{下}$ 02 工作面处于仰采阶段，要把防止煤壁片帮当成重点。13 时早中班人员到面接班后，采煤机向机尾截割生产，采煤机司机王某负责操作采煤机前滚筒，赵某在采煤机前方收护帮

板。15 时 10 分，当前滚筒截割至 75 号架时，赵某将 73 号、74 号架护帮板全部收回。由于 74 号架煤壁受滚筒截割冲击，从煤壁片出一长条形煤块（高约 2.0 米，现场目测与滚筒同高）倒向电缆槽，煤块上段受电缆槽冲击后断开，越过电缆槽砸在王某右小腿上，导致其右小腿胫腓骨骨折。

三、事故隐患

（1）该工作面在发生事故时处于仰采阶段，存在片帮伤人风险。工作面仰采期间，收护帮板人员赵某违反作业规程相关规定，将煤机滚筒前方的 2 组护帮板全部收回，导致工作面煤壁失去防护出现片帮，护帮板不能对大块煤进行阻挡。

（2）岗位工安全意识淡薄，采煤机司机王某对煤壁片帮、滚筒甩矸伤人危险因素认识不到位，违章站在支架前踏板上冒险作业。

（3）班前安全评估时，班组长未对收护帮板标准和严禁架前作业等安全注意事项重点强调，班组长和管理人员现场履责不到位，未及时排查出赵某、王某违章行为并加以制止，造成王某长时间冒险作业发生事故。

四、风险分析

（一）风险类型及描述

（1）冒顶（片帮）：工作面支护质量不达标冒顶伤人。

（2）物体打击：架前作业，煤壁片帮或滚筒甩出煤矸伤人风险。

（二）危害因素

（1）工作面支护质量不合格（环）。

（2）割煤期间，收护帮板人员和采煤机司机未佩戴防护眼镜（人）。

（3）仰采期间，采煤机附近护帮板全部收回（人）。

（4）割煤时操作人员站位不当（人）。

（5）进入煤壁前作业未执行敲帮问顶制度（人）。

（三）风险评估

采用矩阵法对风险点存在的风险进行评估。

安全风险评估表

序号	风险点	风险	风险描述	风险评估			
				可能性	损害程度	风险值	风险等级
1	$43_{下}02$工作面	冒顶（片帮）	工作面支护质量不达标可能造成冒顶伤人的风险	2	2	4	低风险
2		物体打击	架前作业，煤壁片帮或滚筒甩出煤矸伤人风险	4	1	4	低风险

（四）管控措施

（1）加强工作面及两顺槽支护质量，液压支架、单体液压支柱必须达到初撑力。

（2）支架工在煤机截割后及时使用好前探梁和护帮板，有效护顶护帮。

(3) 割煤期间，收护帮板人员和采煤机司机必须佩戴防护眼镜。

(4) 仰采期间，采煤机附近护帮板严禁全部收回，与煤壁夹角小于 45 度，采煤机滚筒能顺利通过即可，防止大块煤整体片出，越过电缆槽伤人。

(5) 采煤机司机严禁在架前操作采煤机，严禁正对滚筒操作采煤机，其他人员严禁在滚筒 5 米范围内逗留，防止滚筒甩矸伤人。

(6) 进入煤壁前作业必须严格执行敲帮问顶制度。

五、事故教训

该起事故由于工作面仰采期间煤壁存在片帮伤人的风险管控措施失效，导致现场“仰采期间采煤机附近护帮板全部收回、站位不当”“采煤机滚筒甩矸伤人”2 条隐患形成；加之现场管理混乱，班组长及管理人员巡查、履职不到位，未及时发现王某违章行为并加以制止，最终导致事故发生。如现场认真执行“双防”管控措施，赵某未将护帮板全部收回，王某未站在架前操作采煤机，班中各级管理人员及时发现职工违章行为并进行制止，煤壁片帮伤人的风险将得到有效管控，隐患能够及时排查消除，就能避免该起事故发生。

运输巷锚索失效冒顶事故

一、事故场景描述

某煤矿 $3_{上}$ 902 运输巷为 $3_{上}$ 902 采煤工作面回采巷道，巷道沿煤层布置，采用锚网梯、锚索支护，巷道宽度 3.2 米，高度 2.8 米。顶板使用规格为 ϕ18 毫米×2200 毫米树脂螺纹锚杆，间排距 900 毫米×900 毫米；顶板沿巷中施工规格为 ϕ22 毫米×6000 毫米锚索，间距 2.7 米。

二、事故简要经过

2008 年 6 月 18 日 13 时 20 分，掘进工区在 $3_{上}$ 902 运输巷施工，15 时 50 分，施工人员突然听到"轰隆"一声响，经过查看，发现开门点以里 454~468 米（落差 14 米，倾角 70 度）断层区域发生冒顶（长 5.6 米，宽 2.8 米，高 2.1 米），冒顶区域共有 3 根锚索，间距分别为 2.65 米，2.66 米（设计间距为 2.7 米），中间一根锚索锚固在断层破碎带中。经过技术人员分析，因高温雨季，围岩膨胀松散使锚索锚固力降低，加之受临近采煤工作面采动影响，加剧了围岩破碎离层，中间锚索抽出，造成冒顶。同时，$3_{上}$ 902 运输巷沿线未安装顶板离层仪，且冒顶区域锚索使用 2 根锚固剂，规程规定应使用 3 根。

三、事故隐患

（1）该煤矿 $3_{上}$ 902 工作面埋藏水平较浅，矿井未重视高温雨季对围岩影响，未针对特殊地质条件制定相应措施。

（2）矿井作业规程编制、审批过程中，未根据煤巷掘进及过断层施工情况增加顶板观测及加强支护内容，未编制过断层专项措施。

（3）$3_{上}$ 902 运输巷属于煤巷掘进，掘进区队未按照规定沿线安装顶板离层仪并进行观测。

（4）$3_{上}$ 902 运输巷掘进过断层期间，掘进区队未针对断层破碎带采取加强支护等针对性措施。

（5）掘进区队工程质量管理不到位，职工违反规程措施规定使用 2 根锚固剂对锚索进行锚固。

四、风险分析

（一）风险类型及描述

冒顶（片帮）：支护强度不足存在顶板冒落的风险。

（二）危害因素

（1）冒顶区域位于断层破碎带（环）。

（2）高温雨季导致围岩膨胀松散（环）。

（3）掘进期间过断层破碎带未采取加强支护等针对性措施（管）。

（4）煤巷锚杆、锚索支护巷道未进行顶板离层观测（管）。

（5）矿井针对过断层期间特殊施工条件缺乏技术指导（管）。

（6）施工人员未按照规程要求使用 3 根锚固剂对锚索进行锚固（人）。

（三）风险评估

采用矩阵法对风险点存在的风险进行评估。

安全风险评估表

序号	风险点	风险	风险描述	风险评估			
				可能性	损害程度	风险值	风险等级
1	$3_{上}$ 902 运输巷	冒顶（片帮）	支护强度不足存在顶板冒落的风险	3	4	12	一般风险

（四）管控措施

（1）加强矿井技术管理工作，专业技术人员必须掌握断层、高温雨季等特殊条件下施工工艺及技术要求。

（2）采用锚网梯、锚索支护巷道掘进期间过断层时，应采取加强支护措施。

(3) 煤巷、半煤岩巷支护必须进行顶板离层监测。

(4) 矿级业务科室针对首次施工锚网梯、锚索巷道，对施工方案及时增加断层等特殊条件下掘进施工工艺相关内容。

(5) 掘进区队施工期间应严格执行工程质量管理及验收制度。

五、事故教训

该起事故由于“支护强度不足可能造成顶板冒落”的风险管控措施失控，导致“过断层期间未采取加强支护措施”“煤巷掘进未沿线安装顶板离层仪并进行观测”“职工违反规程措施施工”3 条隐患产生，最终引发该事故发生。如果认真执行“双防”管控措施，业务科室及掘进区队超前编制过断层专项措施、加强支护措施、及时进行顶板离层观测，现场施工人员严格按照规程要求进行施工，任何一项风险管控措施得到有效实施，隐患能够及时排查消除，就能避免事故的发生。

运输事故

电车司机连车作业挤伤事故

一、事故场景描述

某煤矿物回工区内有专门的运输轨道与矿井地面轨道运输系统相连接，交接地点在物回工区门口。2011 年 6 月 15 日早班，运搬工区接到物回工区通知，有一车装载轨道的材料车（长度为 5000 毫米，宽度为 1050 毫米，高度为 1150 毫米，使用 2 道封车链和 1 道封车绳封车，两端使用旧胶带防护）需要下井。

二、事故简要经过

2011 年 6 月 15 日中班班前会上，安排马某负责地面电机车运输工作。17 时 40 分，马某操作 5 吨电瓶车至物回工区门口，准备将材料车运输至副井上井口。马某使用矿车销将长连杆（连杆长度为 1700 毫米）的一端与材料车碰头连接，另一端放在轨道外侧。马某将电瓶车碰头销子拔出后，站在轨道外侧，用钢钎拨材料车的车轮与电瓶车碰头连接。材料车向电瓶车方向滑动后，马某右手抬起连杆试图与电瓶车碰头连车，因动作稍慢，滑动的材料车将马某的头部挤在轨道端头与电瓶车之间。物回工区门岗人员梁某发现马某受伤后，立即拨打急救电话并向矿调度汇报，马某于 18 时被送往医院救治。

三、事故隐患

(1) 该矿辅助运输车辆交接管理不规范，将需要入井的“四超”车辆存放在有坡度的轨道上，导致“四超”车辆极易自溜滑动。

(2) 职工个人安全意识薄弱，电机车司机马某急于连车，将头和身体探入电瓶车和材料车之间，摘除掩车器，使用钢钎拨动材料车车轮，连车方式不安全不规范。

(3) 区队安全管理流于形式，马某上岗施工未佩戴安全帽；单人在有坡度的轨道上连接“四超”车辆，施工过程缺乏安全监护和有效劳动组织。

四、风险分析

(一) 风险类型及描述

(1) 运输：车辆运输过程中，运输车辆存在伤人的风险。

(2) 机电（机械伤害）：连车、掩车时存在被车辆挤伤的风险。

（二）危害因素

(1) 轨道坡度不符合要求、质量差（环）。

(2) 连挂“四超”车辆时车辆未停稳（人）。

(3) 物料车辆装封车不合格（机）。

(4) 连车时车辆掩车不牢（机）。

(5) 电机车闸、铃、灯及撒沙装置不完好（机）。

(6) 施工人员操作不规范（管）。

(7) 违规安排电机车司机单岗作业无人监护（管）。

（三）风险评估

采用矩阵法对风险点存在的风险进行评估。

安全风险评估表

序号	风险点	风险	风险描述	风险评估			
				可能性	损害程度	风险值	风险等级
1	物回工区门口	运输	施工过程中，存在施工人员探入两车之间连车，摘连动车、车辆掩车不牢等伤人的风险	5	2	10	一般风险
2		机电（机械伤害）	连车时人员操作不当，未佩戴劳动防护用品、单人单岗作业，存在被车辆挤伤风险	3	3	9	一般风险

（四）管控措施

（1）运输物料前，检查好沿途轨道质量、轨道坡度、轨距、轨枕间距、水平度等。

（2）连挂车辆时必须待车辆停稳后再连车，超长物料车辆连车时必须2人配合或使用连杆架连车。

（3）车辆交接前检查好物料车辆的封车情况，封车不合格的严禁运输。

（4）停放车辆时，必须掩牢车辆，“四超”车辆使用长连杆间隔存放。

（5）必须定期检查和维护电机车，电机车的闸、灯、警铃（喇叭）、连接装置和撒砂装置，任何一项不正常或者失爆时，电机车不得使用。

（6）运输“四超”车辆时避免单人单岗作业，无法避免单人单岗作业的，必须规范作业。

五、事故教训

该起事故由于“电瓶车司机摘除‘四超’车辆掩车器”“头和身体探入两车之间”2条风险的管控措施失效，且现场无安全监护人和连杆连车装置，导致“马某调车不规范”“连车站位不安全”“连挂动车”“上岗未戴安全帽”4条隐患没有得到有效排查和处置，引发该事故发生。如严格遵守“双防”机制，风险得到有效管控，隐患及时排查整改，就能避免此电车司机连车作业挤伤事故。

吊梁撞入电机车驾驶室伤人事故

一、事故场景描述

某煤矿十采区轨道上山后车场，断面设计为梯形，上净宽4800毫米，下净宽5260毫米，净高3800毫米，车场长130米，可存放矿车50辆，斜巷上车场与后车场弯道连接，中间有一组渡线道岔。

二、事故简要经过

2010年1月26日中班班前会，运搬工区值班人员安排电机车司机李某负责十采区轨道上山的提升运输工作。19时10分左右，电机车司机李某操作5吨电瓶车进入十采区轨道上山后车场，准备将车场内的吊梁车运至1410运提斜下车场。当电瓶车进入车场弯道约25米时，电瓶车与停放在车场内的吊梁车相碰撞，吊梁一端从电瓶车的观察窗撞入驾驶室内，将李某撞伤。现场人员立即进行施救，于19时

50分将李某送往医院进行救治。

三、事故隐患

（1）该矿现场安全管理流于形式，安全负责人开工前没有强调当班安全注意事项。

（2）班组动态管控不到位，未安排专人排查运输区域安全间隙，对车场内存放的吊梁车超出警冲标，没能及时发现。

（3）该矿忽视辅助运输设备设施管理，电机车观察窗未安装防护栏的隐患长期存在。

（4）区队对电机车司机规范操作管理不严不细，电机车司机擅自开快车情况长期存在。

四、风险分析

（一）风险类型及描述

（1）运输：平巷运输过程中，电机车司机操作不规范，存在超宽车辆刮擦、超长车辆两端突出等伤人的风险。

（2）机电（机械伤害）：电机车控制不当，存在被“四超”车辆撞击受伤的风险。

（二）危害因素

（1）电机车超速行驶（人）。

（2）“四超”车辆装封车不合格（人）。

（3）车场内存放“四超”车辆超出警冲标（机）。

（4）电机车不完好（机）。

（5）运输区域轨道质量差（环）。

（6）运输区域安全间隙不足（环）。

(7) 安全监护不到位（管）。

(三) 风险评估

采用矩阵法对风险点存在的风险进行评估。

安全风险评估表

序号	风险点	风险	风险描述	风险评估			
				可能性	损害程度	风险值	风险等级
1	十采区轨道上山后车场	运输	电机车司机操作不规范，存在超宽车辆刮擦、超长车辆两端突出等伤人的风险	4	2	8	低风险
2		机电（机械伤害）	电机车控制不当，存在被“四超”车辆撞击受伤的风险	4	2	8	低风险

(四) 管控措施

(1) 电机车司机调运车辆时，应严格控制车速，精心操作，仔细观察车辆运行状况，严禁头和身体各部位探出车外。

(2) 严格执行“四超”车辆运输管理制度，认真检查“四超”车辆的装封车状况，防止车辆运输时刮碰车场帮部风、水管路和电缆。

(3) 确保电机车的闸、灯、铃及撒砂装置完好使用，同时电机车观察窗要安设防护栏。

(4) 运输作业前，电机车司机认真检查运输区域的轨道质量，使用标准的连接装置，规范连挂车辆；运输作业中，电机车司机加强对沿途轨道的观察，严格控制车速。

(5) 电机车调运车辆时，发出警号，减速慢行，观察附近人员站位情况。车辆通过弯道区域及安全间隙小的区域，须安排专人使用专用信号指挥调度车辆，指挥人员站位安全。

(6) 施工过程中，安全负责人监护电机车司机操作，检查车场安全间隙是否满足运输要求。

五、事故教训

该起事故由于“电瓶车车速快”“超长吊梁端头超出警冲标”“弯道车场安全间隙小”3 条风险的管控措施失效，且现场安全负责人没有认真履行安全监护职责，导致“电瓶车运行失控”“‘四超’车辆安全防护不到位”“车场内调运‘四超’车辆无人监护”3 条隐患没有得到有效排查和处置，导致该事故发生。如严格遵守“双防”机制，风险得到有效管控，隐患及时排查整改，就能避免此次吊梁撞入电机车驾驶室伤人事故的发生。

轨道上山跑车伤亡事故

一、事故场景描述

某煤矿采区轨道上山是矿井北翼辅助运输的咽喉要道，日常提升运输作业繁忙。该采区轨道上山斜长530米，坡度最大为10度，斜巷上车场安装JD-55kW型绞车1部，上变坡点处安设风动抱轨式阻车器，斜巷上部和下部各安设一道风动挡车栏，斜巷中间无联络巷和躲避硐。

二、事故简要经过

1995年2月2日中班，掘进工区张某、李某、徐某3人在采区轨道上山上车场躲避硐内休息。运搬工区电车司机渠某开电瓶车将两辆矸石车、一辆空水泥车和一部喷浆机拉到上车场。调车到位后，上车场把钩工牛某、电车司机渠某2人开始连挂车辆，牛某挂的是前两辆车的三环链和钩头，因挂5个车保险绳不够长，牛某将保险绳套在空水泥车（第二辆）的碰头销子上；渠某挂的是第三和第四辆矸石车之间的三环链。在牛、渠2人连车期间，张某、李某、徐某3人沿采区轨道上山往下走。把钩工牛某在没有检查连接装置的情况下，向绞车司机发出了松车信号，同时打开阻车装置，通知渠某开始顶车。当喷浆机越过变坡点后，后边三个矿车随同喷浆机飞速下滑，造成跑车事故。牛某这时才发现第四和第五辆矿车之间没有挂三环链。3 个矿车和一部喷浆机飞驰到下起坡点以上 42.7 米、33.7 米、11.8 米处，先后将张某、李某和徐某撞伤，后经抢救无效 3 人死亡。

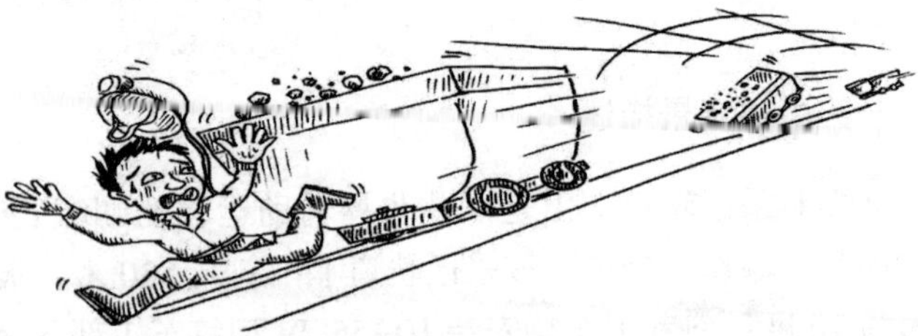

三、事故隐患

(1) 该矿辅助运输管理混乱，多家单位同时在斜巷上车场调运车辆，相互不沟通不协调。

(2) 该矿重要提升运输上山没有设置躲避硐，多次安全大检查均未发现该隐患，导致该隐患长期存在。

(3) 区队现场安全管理职责不明确，斜巷信号把钩工负责的连车挂钩职责由电机车司机负责，且连车完成后把钩工未复检。

(4) 施工人员安全意识差，提前打开斜巷安全设施，在斜巷提升运输前未确认斜巷是否有人施工或行走。

四、风险分析

(一) 风险类型及描述

运输：斜巷提升运输过程中，人员误入运输区域存在车辆失控伤人、车辆漏连、保险绳悬挂位置不当、安全设施失效等伤人的风险。

(二) 危害因素

(1) 斜巷提升运输时行车行人 (人)。

(2) 车辆未停稳时连挂车辆 (人)。

(3) 物料车辆装封车不牢 (人)。

(4) 斜巷提升运输时不挂保险绳 (人)。

(5) 斜巷安全设施不齐全不完好 (环)。

(6) 施工人员未检查确认连车是否可靠 (管)。

(7) 提升运输时超拉超挂 (管)。

(8) 斜巷提升运输设备不完好 (机)。

(三) 风险评估

采用矩阵法对风险点存在的风险进行评估。

安全风险评估表

序号	风险点	风险	风险描述	风险评估			
				可能性	损害程度	风险值	风险等级
1	采区轨道上山	运输	车辆运输过程中，人员误入运输区域存在车辆失控、安全设施失效等伤人风险	2	4	8	低风险

(四) 管控措施

(1) 斜巷运输严格执行“行人不行车，行车不行人”制度；斜巷提升时，所有人员必须进入躲避硐室内或在语言报警信号以外等候。

(2) 连车人员在进行连车操作时，必须等车辆停稳后方可进行操作，严禁车辆未停稳进行连车。

(3) 连接车辆前，信号把钩工必须对装封车情况和物料外形尺寸等进行认真检查及安全确认，对不符合规定的车辆，必须处理好以后再提升。

(4) 连车后的保险绳必须使用铁丝捆扎牢固，不得拉紧受力或松弛拖地，以防止斜巷提升中保险绳脱落。

(5) 安全设施严禁提前打开，车辆通过后应及时关闭。

(6) 信号把钩工应精力集中，坚守岗位，防止人员进入报警区域施工或行走，并严格按规定发送信号。

(7) 提升车辆前，应严格按照单钩提升车辆数量、提升总质量要求挂车，斜巷提升运输所连挂提升车数和总质量均不得超过规定。

(8) 绞车司机注意绞车各部运行情况，发现下列情况时，必须采取措施，立即停车，待处理好后再运行：①有异常响声、异味、异状；②钢丝绳有异常跳动、负荷增大或突然松弛；③绞车基础有松动现象；④有严重咬绳、爬绳现象；⑤电机单相运转或冒烟；⑥突然断电或其他险情时。

五、事故教训

该起事故由于“斜巷中间没有躲避硐”“多人连挂车辆”“斜巷行人”“安全设施提前打开”4条风险的管控措施失效，使“斜巷漏连跑车”“斜巷行车行人”2条隐患产生，最终导致斜巷跑车伤人事故发生。如严格遵守“双防”机制，风险得到有效管控，隐患及时排查整改，就能避免此次事故的发生，挽救3名职工的生命。

机械事故

采煤机滚筒歪倒伤人事故

一、事故场景描述

某煤矿安装 3902 工作面，已进入 MGTY400/930 型采煤机的安装工作。该矿在 3902 工作面运输巷设置了采煤机组装硐室。硐室中部设置双轨道、轨距 600 毫米，顶板四角均匀布置 4 台 5 吨手拉葫芦用于设备组装。采煤机滚筒采用专用车辆装车，为便于下井采取立装，使用 ϕ18 毫米×64 毫米链子配合 3 吨手拉葫芦进行封车，安装前需要在组装硐室改为平装。

二、事故简要经过

2008 年 3 月 16 日早班，准备工区在 3902 工作面安装采煤机滚筒。10 点 30 分左右，采煤机滚筒运到组装硐室，副工长陈某安排人员把立装在平板车上的采煤机滚筒改为平装，以方便到切眼卸车。梅某、宋某 2 人去解除封车的两个葫芦，第一个葫芦很快被解掉。由于第二个葫芦封装在滚筒上方，位置比较高，为了防止葫芦滑链，用铁丝将葫芦小链拴上。梅某爬到水管上解铁丝。在解掉铁丝的瞬间，葫芦滑链，重心不稳的采煤机滚筒歪倒在煤帮上，梅某躲闪不及，大腿被歪倒的采煤机滚筒挤骨折。

三、事故隐患

(1) 使用封车葫芦前未进行完好情况检查，导致葫芦使用过程中滑链。

(2) 使用葫芦封车位置不合理，人员需要登高解除葫芦链的铁丝。

(3) 施工人员安全意识不强，解除封车葫芦前未对滚筒进行生根固定，导致滚筒歪倒伤人。

四、风险分析

(一) 风险类型及描述

(1) 物体打击：滚筒解封时生根不牢存在滚筒歪倒伤人的风险。

(2) 起重伤害：起重作业过程中存在重物（包括吊具、吊重或吊臂）坠落、夹挤、物体打击、起重机倾翻等风险。

（二）危害因素

（1）登高作业未正确佩戴安全带（人）。

（2）施工人员站位不合理（人）。

（3）起吊作业时手拉葫芦、吊点不符合规定（机）。

（4）起吊作业时脱钩、索具不符合规定（机）。

（5）施工区域未设置警戒线（环）。

（6）2人及2人以上施工时未指定安全负责人（管）。

（三）风险评估

采用矩阵法对风险点存在的风险进行评估。

安全风险评估表

序号	风险点	风险	风险描述	风险评估			
				可能性	损害程度	风险值	风险等级
1	采煤工作面	物体打击	起吊物歪倒可能伤人	2	3	6	低风险
2		起重伤害	起重作业过程中存在重物坠落、夹挤、物体打击、起重机倾翻等风险	2	3	6	低风险

（四）管控措施

（1）登高作业高度超过2米时，必须正确佩戴保险带，不得低挂高用。

（2）施工人员施工过程中站位要安全，现场应保持清洁、整齐，不得有矸石、管路、工器具等堵塞安全退路。

(3) 起吊用具使用前，施工负责人负责检查工作现场及周围环境情况、起吊索器具完好情况、起吊点及顶板完好情况。

(4) 重心不稳的设备解封前，首先对设备重心、封车方式进行预判，然后使用葫芦对其进行生根、稳固，防止歪倒、滑脱等。

(5) 施工区域前后 10 米范围应设置警戒带，无关人员严禁进入。

(6) 2 人及 2 人以上施工时必须指定安全负责人。

五、事故教训

该起事故由于“起吊物歪倒可能伤人”“起吊索具失效可能伤人”2 条风险的管控措施失效，导致“封车葫芦位置不合理”“封车葫芦滑链”“滚筒未生根、重心不稳的情况下解封”3 条隐患产生，最终导致该事故发生。如认真执行“双防”管控措施，滚筒封车下井前将不完好的葫芦及时更换，封车葫芦小链固定在下方，梅某就不用登高解封；梅某登高解封前对滚筒进行生根，宋某看到梅某违章作业及时制止，任何一项风险管控措施得到有效实施，隐患能够及时排查消除，就能避免该起事故发生。

乳化泵高压过滤器缸体断裂伤人事故

一、事故场景描述

某煤矿3626工作面为该矿主采工作面，配置SGZ1000/1400刮板输送机、ZF7200/20/40型液压支架、DSJ120/180/4×315带式输送机及BRW315/31.5乳化泵、BPW315/16清水泵等。

乳化泵基本要求：

(1) 乳化泵打不上压时，应先关闭泵箱截止阀观察压力表变化情况，规定不能轻易调整卸载阀压力。

(2) 安全阀压力调整值为：31.5兆帕<泵压<40兆帕，高压缸体能承受的耐压值范围为0~40兆帕。

二、事故简要经过

2018年2月1日下午18时50分左右，某煤矿综采二区在3626工作面生产期间，泵站司机张某发现乳化泵打不上压，便调整乳化泵安全阀进行加压，压力表读数仍不上升，随后关闭泵箱截止阀，发现压力达到30兆帕后打开截止阀，截止阀不动作，因怕泵憋坏便停泵。在停泵的过程中高压过滤器缸体断裂，砸到张某左脚，造成其左脚第一、二趾骨骨折。

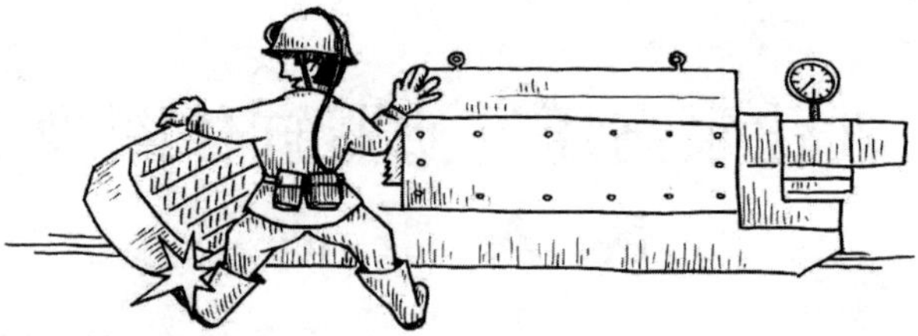

三、事故隐患

（1）乳化泵打不上压时，违规调整安全阀压力，导致乳化泵高压过滤器缸体断裂。

（2）日常检修不到位，安全阀不完好，导致安全阀不卸载。

（3）泵站司机安全意识薄弱，发现缸体断裂脱落，躲避不及时，导致缸体伤人。

四、风险分析

（一）风险类型及描述

（1）机械伤害：乳化泵过滤器、阀件等脱落，易造成机械伤害。

（2）触电伤害：电气设备不完好，检维修电气设备时停送电制度执行不好，容易造成触电伤害。

（3）容器爆炸：高压容器操作不当，压力调整过高，易造成容器爆炸。

（二）危害因素

（1）安全阀不卸载（机）。

(2) 压力超过高压过滤器的耐压值（机）。

(3) 处理高压管路、阀件等未卸压（机）。

(4) 处理高压管路、阀件等时未戴护目镜（人）。

(5) 作业时未严格执行停送电制度（管）。

(6) 施工人员站位不当（人）。

(三) 风险评估

采用矩阵法对风险点存在的风险进行评估。

安全风险评估表

序号	风险点	风险	风险描述	风险评估			
				可能性	损害程度	风险值	风险等级
1	采煤工作面	机械伤害	存在设备操作不当可能伤人的风险	2	3	6	低风险
2		触电伤害	电气设备不完好，停送电制度执行不好，容易造成触电伤害风险	2	4	8	低风险
3		容器爆炸	容器压力调整过高，可能造成伤人的风险	2	4	8	低风险

(四) 管控措施

(1) 加强安全阀的日常管理，检查安全阀超压卸载情况，发现问题必须按程序处理。

(2) 乳化泵站故障处理必须按程序进行维修、处理，严禁调定压力超限。

(3) 处理高压管路、阀件等时，必须提前进行有效卸压，在液压元器件无压时方可拆卸处理。

(4) 处理高压管路、阀件等时施工人员必须佩戴护目镜。

(5) 作业时必须严格执行停送电制度。

(6) 加强日常检修，对使用中及更换的新配件进行检查，发现问题及时处理，并做好记录。

(7) 施工中，人员站位要安全，各类设备、管线、支护材料、大块煤矸不能堵塞施工人员安全退路。

五、事故教训

该起事故由于“设备操作不当可能伤人”“容器压力调整过高可能伤人”2 条风险的管控措施失效，导致“未按程序处理安全阀”“安全阀压力调整值超出高压缸体能承受的耐压值”2 条隐患产生，最终导致该事故发生。如认真执行“双防”管控措施，日常检修期间将不完好的安全阀进行更换，乳化泵司机张某按章作业，发现缸体脱落及时躲避，任何一项风险管控措施得到有效实施，隐患能够及时排查消除，就能避免该起事故发生。

综掘机截割头伤人事故

一、事故场景描述

某煤矿 12011 综掘工作面，采用 EBZ220 掘进机与 1 部 DSJ80/40/2×40 型带式输送机出煤。巷道采用锚网带、锚索联合支护，梯形断面。EBZ220 综掘机定点截割时，两侧间隙平均仅为 1.0~1.3 米，因此需要将前方及机身两侧人员撤至安全地点方可开机。

二、事故简要经过

2009 年 10 月 24 日夜班，某煤矿综掘队在 12011 综掘工作面进行掘进作业。5 时 10 分，班长孙某和杨某支护完第四排顶板锚杆后，由王某和侯某开始支护右帮帮部锚杆，孙某在未安排掘进工作面施工人员撤离的情况下，私自开动综

掘机出煤。5 时 30 分，出煤过程中截割头绞住锚杆钻机管线，王某被管线绊倒，其左腿被拖到综掘机截割头下，导致其左脚骨折。

三、事故隐患

（1）施工现场组织混乱，开动综掘机前，未将掘进工作面施工人员撤出，导致掘进工作面施工人员人身安全受到威胁。

（2）掘进工作面施工人员安全意识薄弱，发现综掘机开动仍继续作业，未采取应急措施。

（3）施工现场设备、管线摆放不规范，导致人员被管线绊倒并拖至综掘机截割头下伤人。

四、风险分析

（一）风险类型及描述

（1）机械伤害：综掘机开机前前方及左右两侧人员未撤离，容易造成机械伤害。

（2）冒顶（片帮）：进入掘进工作面时存在顶板冒落伤人的风险。

（二）危害因素

（1）锚杆钻机、带式输送机等转动部位防护不符合规定（机）。

（2）综掘机司机开机前未将前方及机身两侧人员撤至安全地点（人）。

（3）现场管线放置混乱（环）。

（4）进入掘进工作面未执行敲帮问顶或临时支护措施

(管)。

(5) 2人及2人以上施工时未指定安全负责人(管)。

(三) 风险评估

采用矩阵法对风险点存在的风险进行评估。

安全风险评估表

序号	风险点	风险	风险描述	风险评估			
				可能性	损害程度	风险值	风险等级
1	综掘工作面	机械伤害	未撤除截割范围内人员，开机可能伤人的风险	2	3	6	低风险
2	综掘工作面	冒顶(片帮)	掘进工作面未找悬矸，可能造成顶板冒落的风险	3	3	9	低风险

(四) 管控措施

(1) 锚杆钻机、带式输送机等转动部位必须安装护罩进行全封闭，并挂设警示牌，严禁人员靠近。

(2) 施工人员进入综掘工作面前，需将综掘机退出距掘进工作面不得小于10米。

(3) 开综掘机前，首先检查转载带式输送机至掘进工作面人员是否撤离，确认无人后在转载带式输送机后方设置警戒线，发出警报进行作业。

(4) 施工中，各类设备、管线、支护材料、大块煤矸不能堵塞施工人员安全退路。

（5）施工人员进入综掘工作面前，使用长柄工具将工作面、两帮浮矸清理干净，施工人员站在临时支护下方作业。

（6）2 人及 2 人以上施工时必须指定安全负责人。

五、事故教训

该起事故由于“开机前截割范围内人员未撤出可能伤人”的风险管控措施失效，导致“孙某明知前方有施工人员的情况，私自开动综掘机”“施工人员发现综掘机开动未采取应急措施，而继续作业”“管路被综掘机截割头缠绕后，王某仍未予反应仍在作业”3 条隐患产生，最终导致该事故发生。如认真执行“双防”管控措施，开机前将掘进工作面人员撤出，发现违章作业及时制止，现场管路摆放整齐，任何一项风险管控措施得到有效实施，隐患能够及时排查消除，就能避免该起事故发生。

冲击地压事故

掘进工作面冲击地压事故

一、事故场景描述

某煤矿3112材料巷道设计为矩形断面，支护方式为锚网索梯联合支护，顶部铺一层宽为2.5米的高压双抗塑料网，帮部采用锚网梯支护。3112材料巷道掘进工作中，沿$3_{下}$煤层底板掘进。$3_{下}$煤层的直接顶为砂岩，平均厚度30.6米，直接底为砂泥岩，平均厚度6.55米。冲击倾向性为煤层中等冲击、顶板弱冲击。

二、事故简要经过

2012年11月16日21时，掘进二区夜班出勤7人，接班后，李某操作综掘机割煤，赵某负责监护，丁某负责警戒和看护电缆，田某、陈某及安全检查员房某在综掘机后人行道侧休息。17日凌晨5时0分15秒，3112材料巷道掘进工

作面发生了冲击地压事故，造成6人死亡，2人轻伤，直接经济损失1040万元。

三、事故隐患

（1）冲击地压危险监测预报不到位，仅有钻屑法监测手段，无微震监测和应力在线监测。

（2）冲击地压危险性检测及解危措施不力，3112材料巷道掘进工作面停产9天复工后，防冲办未制定具体的停工复产防冲检测及解危措施。

（3）冲击倾向性鉴定单位无资质。

（4）掘进工作面布置不合理，未按照顺序进行采掘活动。

（5）支护强度不够，3112材料巷道断面由14平方米扩大到17平方米后，支护参数没有相应改变。

（6）矿井未编制32采区防冲设计；《3112材料巷道防冲设计》不完善，设计中未明确卸压孔到掘进工作面最小距离。

四、风险分析

（一）风险类型及描述

（1）冲击地压：煤层和顶板具有冲击倾向性，经论证掘进期间具有冲击地压风险。

（2）物体打击：因发生冲击地压造成物料及支护材料弹射伤人的风险。

（二）危害因素

（1）冲击倾向性鉴定单位无资质（管）。

(2) 施工地点应挂设冲击地压危险警示牌（环）。
(3) 作业人员未按规定穿戴劳动防护用品（人）。
(4) 防冲监测手段单一（机）。
(5) 掘进工作面布置不合理（环）。
(6) 支护强度、支护质量不符合要求（管）。
(7) 超前预卸压处理效果差（环）。
(8) 卸压钻孔设计不合理（管）。
(9) 冲击地压危险区域未按规定限员（管）。
(10) 作业人员不重视防冲工作（人）。

(三) 风险评估

采用矩阵法对风险点存在的风险进行评估。

安全风险评估表

序号	风险点	风险	风险描述	风险评估			
				可能性	损害程度	风险值	风险等级
1	3112材料巷道	冲击地压	煤层和顶板具有冲击倾向性，经论证掘进期间具有冲击地压风险	4	5	20	较大风险
2		物体打击	因发生冲击地压造成物料及支护材料弹射伤人的风险	2	2	4	低风险

(四) 管控措施

(1) 作业人员必须穿戴好防护背心等劳动防护用品，

随时观察顶板、巷道两帮压力变化情况，有异常及时撤离。

(2) 应采用应力线监测、微震监测等至少 3 种方法进行综合监测预警，编制防冲综合分析日报，并及时分析通报。

(3) 优化采区设计，巷道布置要合理，降低巷道冲击危险，避免出现孤岛工作面等高应力集中区域。

(4) 根据矿压显现规律，确定支护形式及参数，加强顶板管理，提高支护质量和支护强度。掘进工作面要安设防护网，防止掘进工作面片帮，同时锚杆、锚索要采取可靠的防崩措施。

(5) 强冲击危险区域必须超前进行预卸压处理，降低危险程度，经卸压解危、效果检验符合要求后方可掘进。

(6) 防冲卸压钻孔施工参数应根据冲击地压危险性评价结果、煤岩物理学性质、开采布置等具体条件综合确定。

(7) 进入冲击地压危险区域时，必须严格执行“人员准入制度”，明确进入的时间、区域和人数。综掘机割煤期间，须在掘进工作面外 150 米处设置警戒，禁止人员进入。

五、事故教训

该起事故由于“防冲监测手段单一”“冲击地压危险性检测及解危措施不力”“冲击倾向性鉴定单位无资质”“施工地点应挂设冲击地压危险警示牌”“作业人员未按规定穿戴劳动防护用品”“掘进工作面布置不合理”“支护强度、

支护质量不符合要求”“冲击地压危险区域未按规定限员”8 条连续的风险的管控措施失效，导致“未及时进行超前预卸压处理”“卸压钻孔设计不合理”2 条隐患没有得到有效排查和处置，最终导致该事故发生。

采区集中巷冲击地压事故

一、事故场景描述

某煤矿 35000 采区埋深 987 米，煤层平均厚 3.91 米，煤层具有强冲击倾向性。顶板主要由泥岩、粉砂岩、细砂岩组成，局部有中砂岩和粗砂岩，煤层顶底板岩层具有弱冲击倾向性。支护形式为锚杆、W 钢带、锚索联合支护。

二、事故简要经过

2015 年 8 月 15 日 0 时 33 分，某煤矿地面出现较大晃动，值班调度员电话调度询问 35001 工作面泵站司机井下情况，泵站司机汇报泵站处出现冲击波。值班主任立即下令启动应急预案，安排所有人员撤出 35000 采区。该事故造成 2

人死亡，直接经济损失 324 万元。

三、事故隐患

（1）采区巷道间距小，满足不了防冲需要。

（2）防冲措施落实不到位。

（3）350001 采煤工作面推采速度超设计规定。

（4）采区巷道沿顶板留底煤掘进。

（5）对冲击地压危险性重视不够。

（6）对大埋深、高应力孤立煤体冲击地压灾害认识不足，按照常规布置巷道。

（7）停采线位置不当，大采深留设保护煤柱宽度未进行科学论证。

四、风险分析

（一）风险类型及描述

（1）冲击地压：煤层和顶板具有冲击倾向性，经论证回采期间具有冲击地压风险。

（2）物体打击：因发生冲击地压造成物料及支护材料弹射伤人的风险。

（二）危害因素

（1）作业人员不重视防冲工作（人）。

（2）防冲监测系统覆盖不全（机）。

（3）采煤工作面推进速度超过规定（管）。

（4）支护强度、支护质量不符合要求（管）。

（5）冲击地压危险区域留有底煤（管）。

（6）冲击地压危险区域未按规定限员（管）。

（7）采区巷道设计不合理（管）。

（三）风险评估

采用矩阵法对风险点存在的风险进行评估。

安全风险评估表

序号	风险点	风险	风险描述	风险评估			
				可能性	损害程度	风险值	风险等级
1	35000采区	冲击地压	煤层和顶板具有冲击倾向性，经论证回采期间具有冲击地压风险	4	5	20	较大风险
2		物体打击	因发生冲击地压造成物料及支护材料弹射伤人的风险	2	2	4	低风险

（四）管控措施

（1）定期进行冲击地压知识培训，熟悉冲击地压发生的原因、条件、前兆等基础知识和处置措施。

（2）作业人员不得在冲击危险区域内休息、逗留。

（3）冲击地压矿井要采取区域与局部相结合的冲击危险性监测手段，区域监测应当覆盖矿井采掘区域，局部监测应覆盖冲击地压危险区。

（4）优化采区工作面设计，并及时进行冲击危险性评价，消除不合理布置方式。

（5）严格控制冲击危险采煤工作面的推进速度，减少对大巷扰动影响。

(6) 中等以上冲击地压危险区域必须采取卸压措施，防冲危险区域应采取钻屑法检测措施等。

(7) 根据矿压显现规律，确定支护形式及参数，支护锚杆、锚索要采取防崩措施。

(8) 巷道底板有底煤时，及时采取底板爆破或钻孔卸压的措施。

五、事故教训

该起事故由于“采区巷道间距小，布置不合理”“防冲监测系统覆盖不全”“采煤工作面推进速度超过规定”“支护强度、支护质量不符合要求”“冲击地压危险区域留有底煤”“冲击地压危险区域未按规定限员”6条连续的风险的管控措施失效，使“对冲击地压危险性重视不够”“采区巷道间距小，满足不了防冲需要”2条冲击地压隐患没有得到有效排查和处置，最终导致该事故发生。

采煤工作面冲击地压事故

一、事故场景描述

某煤矿 1305 工作面属于孤岛工作面，埋深平均 1000 米，煤厚平均 6.02 米，煤层强冲击、顶板弱冲击，直接顶为粉砂岩，均厚 2.78 米，老顶为中砂岩，均厚 8.32 米，普氏硬度系数 $f=6\sim7$，运输巷超前支护采用单体支柱和 π 型钢梁；轨道巷超前支护采用单体支柱配合十字顶梁支护；工作面支架采用 ZF12000 型液压支架支护。

二、事故简要经过

2015 年 7 月 29 日，某煤矿综采二队夜班值班副队长朱某班前会安排调试生产。2 时 40 分，采煤机正在进机头，工作面突然出现连续煤炮，跟班副队长邢某和安监员白某决定暂停生产撤人。2 时 45 分，在准备下达撤人指令时，工作面内突然发生巨大声响和震动，微震系统监测到能量为 2.5×10^{6} 焦的震动事件，地震台测到震级为 2.3 级。转载机头和控制台司机被强气流冲倒，当班验收员王某在工作面 1 号架外侧转载机过桥处受伤、右臂小臂骨折。跟班副队长邢某向调度室汇报，启动冲击地压事故应急预案。事故造成 3 人受伤（1 人重伤、2 人轻伤），直接经济损失 93.87 万元。

三、事故隐患

（1）由于矿井接续紧张，1307 工作面回采结束后跳采 1305 综放面，对大埋深孤岛面发生冲击地压存有侥幸心理，冒险组织开采。

（2）技术服务机构所做的冲击地压危险性分析与防治方案、开采安全性论证报告及专家评审论证意见不能正确指导 1305 工作面安全开采。

（3）对冲击地压监测数据分析研究不到位，在矿井应力在线监测和微震监测数据异常时未及时采取有效解危措施。

（4）防冲技术措施落实不到位，1305 工作面开切眼评价为严重冲击危险，掘进开切眼期间只在两端头各施工 30

米范围卸压孔，中间 76 米范围内未卸压。

（5）1305 工作面运输巷超前支护长度不够，《1305 工作面运输巷防治方案研究报告》规定不小于 150 米，《1305 工作面作业规程》规定不小于 120 米；实际支护 70 米，运输巷支护形式设计为“一梁四柱”，实际为“一梁三柱”。

四、风险分析

（一）风险类型及描述

（1）冲击地压：煤层和顶板具有冲击倾向性，经论证回采期间具有冲击地压风险。

（2）物体打击：因发生冲击地压造成物料及支护材料弹射伤人的风险。

（二）危害因素

（1）作业人员不清楚冲击地压发生征兆（人）。

（2）作业人员未按规定穿戴劳动防护用品（人）。

（3）开采顺序及工作面设计不合理（环）。

（4）支护强度、范围不符合要求（管）。

（5）防冲监测预警分析不到位（管）。

（6）超前预卸压工作不到位（管）。

（7）冲击地压危险区域未按规定限员（管）。

（8）冲击地压危险区域锚杆、锚索绑扎及物料生根防护不到位（管）。

（三）风险评估

采用矩阵法对风险点存在的风险进行评估。

安全风险评估表

序号	风险点	风险	风险描述	风险评估			
				可能性	损害程度	风险值	风险等级
1	1305工作面	冲击地压	煤层和顶板具有冲击倾向性，经论证回采期间具有冲击地压风险	4	5	20	较大风险
2		物体打击	因发生冲击地压造成物料及支护材料弹射伤人的风险	2	2	4	低风险

（四）管控措施

（1）定期进行冲击地压知识培训，熟悉冲击地压发生的原因、条件、前兆等基础知识和处置措施。

（2）强冲击危险区域内的作业人员必须穿戴防护背心等防护用品。

（3）优化采区设计，选择合理的开采顺序，降低巷道冲击危险，避免出现孤岛工作面等高应力集中区。

（4）根据矿压显现规律，确定支护形式及参数，加强顶板管理，提高支护质量和支护强度。

（5）认真分析应力在线监测和微震监测数据，对于异常情况要及时汇报防冲部门并采取有效的应对措施。

（6）强冲击危险区域必须进行超前预卸压处理，降低危险程度，经卸压解危、效果检验符合要求后方可作业。

(7) 进入冲击地压危险区域时必须严格执行“人员准入制度”，明确进入的时间、区域和人数。采煤机在距离顺槽 30 组支架范围截割时，距离工作面煤壁 150 米顺槽范围内设置警戒禁止人员进入。

(8) 巷道内杂物应当清理干净，保持行走路线畅通；对冲击地压危险区域内的在用设备、管线、物品等应当采取固定措施，冲击地压区域内锚杆、锚索支护应采取绑扎防崩措施。

五、事故教训

该起事故由于“开采顺序及工作面设计不合理”“作业人员不清楚冲击地压发生征兆”“作业人员未按规定穿戴劳动防护用品”“冲击地压危险区域锚杆、锚索绑扎及物料生根防护不到位”“防冲监测预警分析不到位”5 条连续的风险的管控措施失效，使“超前预卸压工作不到位”“支护强度、范围不符合要求”2 条冲击地压隐患没有得到有效排查和处置，最终导致该事故发生。

瓦斯事故

采空区重大瓦斯爆炸事故

一、事故场景描述

某煤矿有6个可采煤层，煤层自燃倾向性等级为Ⅱ类，属自燃煤层，为高瓦斯矿井，CH_4绝对涌出量56立方米/分，煤尘具有爆炸危险性。事故发生时，井下有5个采区、5个采煤工作面、24个掘进工作面。

二、事故简要经过

2013年3月28日16时左右，某煤矿-416采区附近采空区发生瓦斯爆炸。该矿采取在-416采区-380石门密闭外再加一道密闭，同时又新构筑-315石门密闭2项措施。29日14时55分，-416采区附近采空区发生第二次瓦斯爆炸，新构筑密闭被破坏，采区人员撤出。矿业公司总工程师、副总工程师接到报告后赶赴该煤矿，研究决定在-315、-380石门及东一、东二、东三分层顺槽施工5处密闭。19时30分左右，-416采区附近采空区发生第三次瓦斯爆炸，21时左右，井下现场指挥人员强令施工人员再次返回实施密闭施工作业。21时56分，该采空区发生第四次瓦斯爆炸，该矿才通知井下停产撤人并向政府有关部门报告，此时全矿井下共有367人，332人自行升井和经救援升井，36人死亡。

搜救工作结束后，鉴于井下已无人员，且灾情严重，省人民政府和国家安全监管总局工作组要求集团聘请省内外专家对井下灾区进行认真分析，制定安全可靠的灭火方案，未经省人民政府同意，任何人不得下井作业。4 月 1 日 7 时 50 分，监控人员通过传感器发现该煤矿井下-416 采区 CO 浓度迅速升高。矿业公司常务副总经理王某召集副总经理李某、王某和煤矿副矿长孙某等人商议后，违抗省人民政府关于严禁一切人员下井作业的指令，擅自决定派人员下井作业。9 时 20 分，矿业公司驻矿安监处长刘某和徐某分别带领救护队员下井，到-400 大巷和-315 石门实施挂风障措施，以阻挡风流，控制火情。10 时 12 分，该区附近采空区发生第五次瓦斯爆炸，此时共有 76 人在井下作业，经抢险救援 59 人生还（其中 8 人受伤）。本次事故又造成 17 人死亡、8 人受伤。

三、事故隐患

（1）该矿-416采区急倾斜煤层的区段煤柱预留不合理，开采后即垮落，不能起到有效隔离采空区的作用，导致上下区段采空区相通，向上部的老采空区漏风。

（2）巷道压力大，造成-250石门密闭出现裂隙，导致漏风。

（3）该矿防灭火管理工作不到位，导致-4164东水采工作面上区段采空区自燃隐患加剧。

（4）该矿连续3次发生瓦斯爆炸的情况下，未制定科学安全的封闭方案，同时施工5处密闭，导致事故扩大。

（5）该矿违抗省人民政府关于严禁一切人员下井作业的指令，擅自决定并组织人员下井冒险作业，导致事故进一步扩大。

四、风险分析

（一）风险类型及描述

（1）瓦斯（爆炸）：高瓦斯工作面采空区存在瓦斯浓度超限爆炸伤人的风险。

（2）火灾：自燃煤层采空区存在碎煤自燃，引爆采空区瓦斯，有毒有害气体积聚溢出的风险。

（二）危害因素

（1）职工不熟悉瓦斯爆炸事故现场处置方案和避灾路线（人）。

（2）人员违章指挥、违章作业（人）。

（3）采空区内未进行注浆注胶措施（管）。

(4) 采空区未埋设束管检测自然发火隐患（管）。

(5) 矿井未按规定建设防灭火系统（管）。

(6) 采空区瓦斯积聚，达到爆炸浓度（环）。

(7) 采空区内自然发火隐患未处置，出现明火（管）。

(8) 区队隐患排查制度不完善，未排查瓦斯隐患（管）。

(9) 采空区内未采取瓦斯抽采措施，控制瓦斯浓度（管）。

（三）风险评估

采用矩阵法对风险点存在的风险进行评估。

安全风险评估表

序号	风险点	风险	风险描述	风险评估			
				可能性	损害程度	风险值	风险等级
1	-4164东水采工作面上区段采空区	瓦斯（爆炸）	高瓦斯工作面采空区存在瓦斯浓度超限爆炸伤人的风险	5	6	30	重大风险
2		火灾	自燃煤层采空区存在采空区内碎煤自燃、引爆采空区瓦斯，有毒有害气体积聚溢出的风险	5	25	25	较大风险

（四）管控措施

(1) 职工入井前必须经过安全培训，熟悉瓦斯爆炸事故现场处置方案及避灾路线。

（2）加强工班长、技术人员及各级管理人员学习培训，杜绝冒险蛮干、违章作业。

（3）严格控制采空区密闭质量，杜绝采空区漏风，做好采空区永久封闭管理。加强采空区防灭火措施落实，及时采取灌浆、注惰性气体等措施进行预防处理。

（4）矿井安全设计应由有专业资质的设计单位设计并报送相关部门审核备案后实施。

五、事故教训

该矿为高瓦斯、煤层自燃矿井，本身就是高风险矿井，但该矿重生产、轻安全，对存在的“瓦斯”“煤层自燃”风险管控失效，造成“瓦斯积聚”“煤层自然发火”隐患。出现隐患后，对存在的隐患治理不及时，从而引发瓦斯爆炸事故。救灾过程中，指挥人员违章指挥，冒险蛮干，导致人员伤亡事故进一步扩大。如果该矿严格遵守安全风险分级管控及隐患排查治理双重预防机制，有效管控安全风险，及时治理消除隐患，就可以避免事故的发生。如果救灾人员按章作业就不会导致事故矿大，就能挽救 53 条鲜活的生命。

采煤工作面重大瓦斯事故

一、事故场景描述

某煤矿井属瓦斯矿井，CH_4 绝对涌出量 22.3 立方米/分，煤层自燃倾向性为不易自燃，煤尘具有爆炸性。事故始发地点位于 $7_{下}$ 层右四片回风上山，巷道处于无风、微风状态，巷道顶板岩层不稳定，巷道内放置雷管箱、炸药箱。

二、事故简要经过

2013 年 10 月 18 日，某煤矿夜班出勤 81 人，其中，二段 $7_{下}$ 层右四片采煤工作面出勤 6 人，右三片全煤下山工作面出勤 7 人，$7_{下}$ 层左四片掘进出勤 4 人。10 时 50 分，井下带班的掘进矿长助理田某和掘进矿长王某刚走进左四片片盘

口 20 多米，就听见一声巨响，随即一股冲击波将王某和田某 2 人冲倒。意识到 $7_{下}$ 层右四片采煤工作面出事了，田某爬起来后，赶紧到回风道电话处，迅速给调度室打电话报告。经核实，该事故为爆破引发的瓦斯爆炸事故，死亡 11 人，伤 5 人，直接经济损失 1595 万元。

三、事故隐患

（1）该矿私自增开 $7_{下}$ 层右部三片、四片生产区域，在四片布置了一个采煤工作面，在三片布置了一个全煤下山掘进工作面。并采用随时打设假密闭的方式，逃避监管，造成矿井超通风能力生产隐患长期存在。

（2）回风上山采空区没有封闭，造成采空区瓦斯外溢。

（3）$7_{下}$ 层右四片违规生产区域通风设施安设不合理，导致回风上山内长期处于无风、微风状态。

（4）违规使用淘汰落后的巷采采煤工艺。

（5）没有按照《煤矿安全规程》的规定，将雷管箱放置在顶板完好、通风良好的地方，而是将雷管箱随意放置在通风不良、顶板岩层不稳定的 $7_{下}$ 层右四片回风上山。

四、风险分析

（一）风险类型及描述

（1）通风：存在工作面风量不足，瓦斯、有毒有害气体积聚的风险。

（2）爆破：爆炸物品被引爆崩出煤矸、物料伤人、爆破火花引爆瓦斯、煤尘等风险。

（3）瓦斯（爆炸）：巷采工作面存在瓦斯浓度超限爆炸

伤人的风险。

（二）危害因素

（1）人员违章指挥、违章作业（人）。

（2）工作面或巷道瓦斯积聚（环）。

（3）通风系统不合理，存在微风、无风巷道（环）。

（4）施工区域两端未拉设警戒带或警戒范围不足（管）。

（5）爆破前未按要求进行洒水降尘（管）。

（6）未严格执行“一炮三检”制度（人）。

（7）现场没有管理人员在场协调指挥（人）。

（8）爆炸物品箱距爆破地点安全距离不足（管）。

（9）爆炸物品箱安放位置未避开机械、电气设备及淋水、支架不完整的地点（管）。

（10）爆破不按规定施工炮眼（人）。

（11）炮眼封孔不使用炮泥、黄泥（管）。

（12）爆破不严格按照规定使用炸药（人）。

（三）风险评估

采用矩阵法对风险点存在的风险进行评估。

安全风险评估表

序号	风险点	风险	风险描述	风险评估			
				可能性	损害程度	风险值	风险等级
1	$7_{下}$层右四片采煤工作面	通风	巷采采煤工艺存在工作面风量不足，瓦斯、有毒有害气体积聚的风险	5	6	30	重大风险

（续）

序号	风险点	风险	风险描述	风险评估			
				可能性	损害程度	风险值	风险等级
2	$7_{下}$层右四片采煤工作面	爆破	爆炸物品被引爆崩煤矸、物料伤人、爆破火花引爆瓦斯、煤尘等风险	6	6	36	重大风险
3		瓦斯（爆炸）	巷采工作面存在瓦斯浓度超限爆炸伤人的风险	6	6	36	重大风险

（四）管控措施

（1）加强各级管理人员学习培训，提高专业技术水平，严格按照“三大规程”作业，杜绝冒险蛮干、违章作业。

（2）严格按照国家“先抽后采、监测监控、以风定产”和“通风可靠、抽采达标、监控有效、管理到位”十六字方针，严格落实瓦斯抽采措施。

（3）严格按照矿井通风能力组织生产，各地点风速满足《煤矿安全规程》规定。加强局部通风机及各通防设施管理，确保通风系统稳定、可靠。

（4）使用符合矿井许用规格的炸药和雷管，炮眼用炮泥和黄泥等不燃材料封实，严格按规定用好爆破喷雾、水幕，爆破前后进行洒水。

五、事故教训

该矿违规开采，矿井通风系统不合理，对“通风设施安设不合理”“采煤工作面风量不足”2条风险的管控措施失效，造成“采煤工作面瓦斯积聚”，由于对存在的瓦斯隐患治理不及时，“矿井超通风能力生产”隐患长期存在，从而引发瓦斯爆炸事故。如果该矿严格遵守安全风险分级管控及隐患排查治理双重预防机制，有效管控安全风险，就不会出现风量不足、瓦斯积聚隐患，发现隐患如果及时治理消除，就能避免该事故发生。

人员井下窒息事故

一、事故场景描述

事故煤矿为低瓦斯矿井，CH_4 绝对涌出量 2.3 立方米/分，CO_2 绝对涌出量 12.4 立方米/分，事故地点位于一采区 1606 上巷，敞口独头盲巷，没有打栅栏，也没挂警示牌。

二、事故简要经过

1991 年 6 月 6 日，某煤矿 1608 开切眼即将与 1606 上巷贯通。为探明 1606 上巷内的情况，矿安排救护队去 1606 上巷探险。救护队副队长巴某带领 5 人下井执行任务。9 时到达巷道口，队员们对所带氧气呼吸器进行了自检和互检，但对巴某的呼吸器未进行互检。此后按间隔 7～8 米依次进入 1606 上巷。行至门口以里 20 米处时，测量 CO_2 浓度 5%，CH_4 浓度 2%。巴某让戴上呼吸器，继续前进 250 米左右，遇到破碎带，留下刘某、张某 2 名队员观察情况。巴某、袁某、马某 3 人间隔 10 米依次继续前进，行至 320～350 米处，队员马某见巴某倒在地上，马某、袁某赶过来，见巴某的鼻夹和口具脱落，袁某捏住巴某的鼻子，给巴某戴上口具，示意马某外出打电话，并让刘某、张某过来抢救巴某。9 时 45 分矿调度室接到求救电话立即通知救护中队下井抢救。

9 时 45 分小队长刘某带人下井，10 时 15 分到达现场。将巴某抬出 50 米左右时，刘某见前面抬担架的队员蒋某体力不支，便替下蒋某。蒋某向前走 3 米后栽倒，发现蒋某的鼻夹、口具已掉，抢救中刘某留下 2 人抢救，自己去打电话请求援助，然后又拿了 2 个氧气瓶进去，继续给蒋某吹气，同时在没有担架的情况下，几名队员抬蒋某向外走出 20 米左右，抢救队员体力已难以支持，无力将人救出现场，刘某命队员撤出。11 时邻矿救护中队先后到达事故现场，11 时 25 分将巴某、蒋某抬出，2 人经抢救无效死亡。

三、事故隐患

（1）盲巷管理制度执行不严，1606 上巷没有打栅栏，没挂警示牌，隐患长期存在。

（2）救护队执行探险任务，没有制定专门措施和行动计划，违反了《矿山救护规程》9.2.5 的规定。

（3）救护队执行探险任务，违反了《矿山救护规程》9.4.1和《煤矿安全规程》第七百零九条的规定：进入灾区的矿山救护队员不得少于6人。救护队只有5人去执行探险任务。

（4）两批救护队员均未对呼吸器进行自检和互检。

（5）救护队仪器维修保养制度未按照《煤矿安全规程》第七百条规定和《矿山救护规程》7.2，7.3项条款规定落实，巴某和蒋某使用的仪器分别超过规定39天和14天。

（6）没有使用应有的技术装备。第二批救护队员没按《矿山救护规程》9.4.6要求必须给遇险人员佩戴全面罩氧气呼吸器或隔绝式自救器。

四、风险分析

（一）风险类型及描述

瓦斯（窒息）：人员进入盲巷，存在瓦斯浓度超限、氧气含量低、人员窒息的风险。

（二）危害因素

（1）盲巷口不按规定设置警戒、栅栏（环）。

（2）人员随意进入盲巷（人）。

（3）人员进入未按规定佩戴氧气呼吸器（管）。

（4）氧气呼吸器损坏、失效或不符合规定（机）。

（5）通风系统不健全、不合理，存在微风、无风巷道（管）。

（6）未安设瓦斯监控系统或瓦斯监控系统不完善，传感器、传输线路出现故障，传感器安装位置不当（机）。

（7）独头巷道未按规定进行局部通风机供风（管）。

(8) 救护队机制不健全，人员配备不充足（管）。

(9) 救护队未按规定装备救险、抢险装备和仪器（管）。

(三) 风险评估

采用矩阵法对风险点存在的风险进行评估。

安全风险评估表

序号	风险点	风险	风险描述	风险评估			
				可能性	损害程度	风险值	风险等级
1	1606上巷	瓦斯（窒息）	盲巷口不按规定设置警戒、栅栏	2	6	12	一般风险
2			人员违章进入盲巷作业	2	6	12	一般风险
3			人员进入未按规定佩戴氧气呼吸器	2	6	12	一般风险
4			氧气呼吸器损坏、失效或不符合规定	3	6	18	较大风险

(四) 管控措施

(1) 加强各级管理人员学习培训，提高专业技术水平。

(2) 加强矿井职工学习培训，提高技能水平，提升安全意识。

(3) 进入巷道前，对呼吸器进行自检和互检，确认呼吸器完好，保证呼吸器各部件、零件，灵活可靠，密封到位。

(4) 严格按照《关于矿井局部通风临时停风、密闭管理、瓦斯排放若干规定》进行盲巷封闭，防止人员进入。

(5) 严格按照《矿山救护规程》及其他相关文件组织建设救护队，确保机构健全，人员充足，培训到位。

(6) 严格按照《矿山救护规程》及其他相关文件组织为救护队配备相应器材，并组织培训、锻炼。

(7) 严格按照《矿山救护规程》及矿井规定，探险、瓦斯排放等工作前制订相应行动计划，并严格执行。

五、事故教训

该矿虽然为低瓦斯矿井，但瓦斯风险依然存在，如果管理不当，依然可以引发瓦斯事故。该矿通风管理不到位，“停工巷道不按规定设置警戒、栅栏”的风险的管控措施失效，造成“敞口盲巷”隐患；对救护队员“安全培训不到位”隐患整改不到位，造成救护队员违章作业，未按规定检查仪器，进入盲巷，从而引发瓦斯窒息事故。如果该矿严格遵守安全风险分级管控及隐患排查治理双重预防机制，有效管控安全风险，就不会出现进入盲巷及仪器故障隐患，发现隐患如果及时治理，就可避免该事故的发生。

电 气 事 故

低压配电柜通电试验触电事故

一、事故场景描述

某机电公司装配一车间主要用于380 V及以上电压等级的开关设备柜体组装和柜内元器件的安装、连线，安全质量检测中心在该场所进行产品的出厂试验工作，出厂试验由专业质检员进行。

二、事故简要经过

2011年7月14日上午，某机电公司装配一车间宦某、闫某2名质检员对9台GGD型低压配电柜进行出厂通电试验，发现其中2台进线柜（由孔某负责装配）控制电源接线有错误，随即通知装配工孔某进行整改，下午再进行试验。14时25分左右，在完成其中一台进线柜试验后，试验电源接到第二台开关柜上，质检员宦某确认周围无人后，对站在柜前的闫某喊了声“送电了”，便对低压进线柜进行通电试验。通电后宦某发现配电柜信号没有显示，同时听到质检员闫某喊了声“快停电”，并发现配电柜后有人影，宦某立即停下试验台上的试验电源，跑到配电柜后，发现装配工孔某躺在地上，神志不清，立即进行胸外按压和人工呼吸。14时40分，救护车赶到现场进行抢救，最终抢救无效，于15时30分左右宣布孔某死亡。

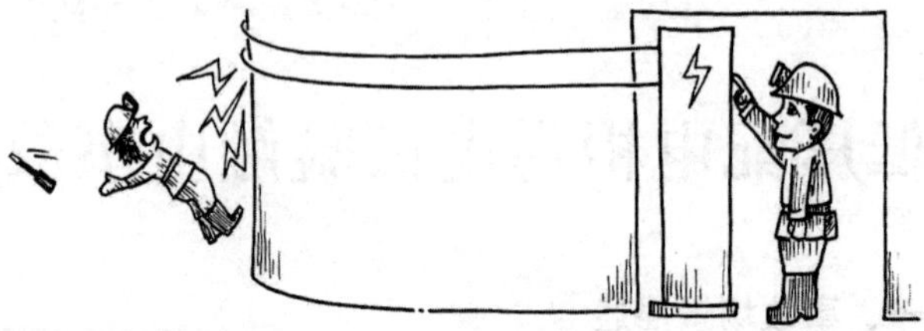

三、事故隐患

（1）装配人员未执行“停电、验电、放电、挂设三相短路接地线”工作程序。

（2）装配人员未在检修配电柜上悬挂停电牌、检修牌。

（3）装配人员未穿绝缘鞋，违章进入带电试验的配电柜作业。

（4）装配人员未履行 1 人操作 1 人监护制度。

（5）试验过程中未对试验区采取有效隔离防护措施，未悬挂安全警示标志，试验人员也未对试验区进行有效监护，导致装配人员进入已带电的配电柜上进行作业。

（6）现场安全监管不到位，对未执行规程、不按规定使用劳动防护用品等违章行为失察。

四、风险分析

（一）风险类型及描述

（1）火灾：线路和设备带电时存在引发火灾的风险。

（2）机电（触电）：设备带电存在触电伤人的风险。

（3）灼烫：带电设备存在短路电弧伤人的风险。

（二）危害因素

（1）不执行检修作业停送电工作流程（人）。

（2）作业人员不戴绝缘手套、穿绝缘鞋或站在绝缘台上（人）。

（3）装配人员不执行停电、闭锁、挂牌制度（人）。

（4）试验区域未安设隔离警示防护设施（人）。

（5）带电设备外露可导电部分（机）。

（6）过负荷、短路、漏电保护装置功能失效（机）。

（7）电气设备、电缆周围存在可燃物，消防设施不完好（物）。

（8）停送电作业监护措施落实不到位（管）。

（9）交叉作业管理失控（管）。

（三）风险评估

采用矩阵法对风险点存在的风险进行评估。

安全风险评估表

序号	风险点	风险	风险描述	风险评估			
				可能性	损害程度	风险值	风险等级
1	装配车间	火灾	线路和设备带电时存在引发火灾的风险	2	2	4	低风险
2		机电（触电）	设备带电存在触电伤人的风险	3	3	9	一般风险
3		灼烫	带电设备存在短路电弧伤人的风险	2	3	6	低风险

（四）管控措施

（1）电气设备检修作业严格按照停送电作业安全管控流程，办理停送电工作票、操作票等票证，认真执行停电、验电、放电、挂设三相短路接地线工作程序，作业人员应戴绝缘手套、穿绝缘鞋或站在绝缘台上，开关把手在切断电源时必须闭锁，并悬挂“有人工作、不准送电”的警示牌，做到1人操作1人监护。

（2）带电设备外露可导电部分，必须接地良好，保护装置齐全灵敏可靠，闭锁连锁装置安全可靠，各指示仪表、信号显示正常，高压电气设备悬挂“高压危险、请勿靠近”警示牌，设备周围设置安全遮拦，保持安全距离。

（3）加强运行电气设备日常检查维护管理，坚持使用好过负荷、短路、漏电保护装置，及时清理电气设备、电缆附近的可燃物质，定期对保护装置进行试验，严禁设备超额定能力运行，配备足够合格的消防器材，掌握消防器材的使用及灭火方法。

（4）试验前，明确试验专职负责人，负责检查确认试验电源漏电保护是否灵敏可靠，认真核对试验设备编号，清点试验区域人员，撤离试验区域，设置隔离警示防护设施。

（5）试验过程中安排专人对试验区域站岗监护，禁止任何人员进入试验区，在试验负责人下达送电命令前，任何人不得擅自送电试验。

（6）制定交叉作业安全技术措施并严格执行，加强现场作业人员的安全监管，严格执行安全技术措施，统一指挥，协调作业，严禁擅自作业。

五、事故教训

该起事故由于“设备带电可能触电伤人”“带电设备短路电弧可能伤人”2条风险的管控措施失效，导致“过负荷、短路、漏电保护装置功能失效”“交叉作业监管不力”“不执行检修作业停送电工作程序”“不执行停电闭锁挂牌制度”“试验区域未安设隔离警示防护设施”“停送电作业监护措施落实不到位”6条隐患产生，最终引发该事故发生。如认真执行“双防”管控措施，宦某将带电区域设备安设隔离警示设施，孔某严格执行停送电工作程序及挂牌管理制度，正确穿戴绝缘用品，严格履行安全监护制度，任何一项风险管控措施得到有效实施，隐患能够及时排查消除，就能避免事故的发生。

高防开关短路伤人事故

一、事故场景描述

某煤矿井下南翼1号变电所内高压为6kV电压等级，12号高防为Ⅰ回进线开关，1号高防为所内Ⅱ回进线开关，6号高防为Ⅰ回、Ⅱ回联络开关；Ⅱ回电源引自中央变电所33号高压柜。

二、事故简要经过

2012年8月17日，某煤矿供电队按照工作安排对南翼1号变电所进行供电改造。工作负责人张某，带工作票去中央变电所办理停电手续。电工班班长彭某、电工王某先去南翼1号变电所做工作准备。14点52分，中央变电所33号高压柜（带南翼1号变电所Ⅱ回）速断跳闸。当

时正在中央变电所进行设备巡检的供电队技术主管董某，立即与南翼 1 号变电所检修人员联系，检修人员彭某告知高防开关短路了。董某及张某赶到现场，发现 1 号高防开关电源侧接线筒打开，3 个接线柱烧损，彭某和王某 2 人被轻度烧伤。

三、事故隐患

（1）检修人员未严格执行停送电工作票和倒闸操作票制度。

（2）检修人员未严格执行“停电、验电、放电、挂设三相短路接地线”工作程序。

（3）检修人员未戴绝缘手套、穿绝缘鞋，违章打开带电的 1 号高防开关电源侧连接筒，触及接线腔内的接线柱，发生弧光短路。

（4）安全负责人违规直接参与作业，未履行 1 人操作 1 人监护制度。

四、风险分析

（一）风险类型及描述

（1）火灾：线路和设备带电时存在引发火灾的风险。

（2）机电（触电）：设备带电存在触电伤人的风险。

（3）灼烫：带电设备存在短路电弧伤人的风险。

（二）危害因素

（1）停（送）电工作票填写、审批不严（人）。

（2）不严格执行停送电工作票和倒闸操作票制度（人）。

(3) 作业人员不戴绝缘手套、穿绝缘鞋或站在绝缘台上（人）。

(4) 未严格执行停电、验电、放电、挂设三相短路接地线程序（人）。

(5) 带电检修电气设备（人）。

(6) 带电设备外露可导电部分（机）。

(7) 过负荷、短路、漏电保护装置功能失效（机）。

(8) 电气设备、电缆周围存在可燃物，消防设施不完好（物）。

(9) 安全监护管控失效（管）。

(三) 风险评估

采用矩阵法对风险点存在的风险进行评估。

安全风险评估表

序号	风险点	风险	风险描述	风险评估			
				可能性	损害程度	风险值	风险等级
1	南翼1号变电所	火灾	线路和设备带电时存在引发火灾的风险	2	2	4	低风险
2		触电	设备带电存在触电伤人的风险	3	3	9	一般风险
3		灼烫	带电设备存在短路电弧伤人的风险	2	3	6	低风险

（四）管控措施

（1）严格执行工作票和倒闸操作票制度，按照工作票及倒闸操作票内容组织施工，操作高压电气设备主回路时必须戴绝缘手套、穿绝缘鞋或站在绝缘台上，开关把手在切断电源时必须闭锁，并悬挂“有人工作、不准送电”的警示牌，并做到1人操作1人监护。

（2）电气设备检修作业严格按照停送电作业安全管控流程，开盖前确认上级电源确已停电、挂设接地线；开盖后在检修点验电、放电、挂设一组个人保安线，确无电压后方可进行施工。

（3）带电设备外露可导电部分，必须接地良好，保护装置齐全灵敏可靠，闭锁连锁装置安全可靠，各指示仪表、信号显示正常。

（4）加强运行电气设备日常检查维护管理，坚持使用好过负荷、短路、漏电保护装置，及时清理电气设备、电缆附近的可燃物质，定期对保护装置进行试验，严禁设备超额定能力运行，配备足够合格的消防器材，掌握消防器材的使用及灭火方法。

（5）明确施工人员工作职责，2人工作时，应明确1名安全监护人，安全监护人不得从事具体检修工作，及时提醒施工人员安全注意事项并实时监护，发现安全隐患及时指出并采取有效措施处理。

五、事故教训

该起事故由于“设备带电可能触电伤人”“带电设备短路电弧可能伤人”2条风险的管控措施失效，导致“不严格执行停送电工作票和倒闸操作票制度”“不严格执行停电、验电、放电、挂设三相短路接地线工作程序”“带电检修电气设备”“安全监护管控失效”4条隐患产生，最终引发该事故发生。如认真执行“双防”管控措施，彭某、王某严格执行工作票和倒闸操作票制度，严格执行停送电工作程序，正确穿戴绝缘用品，严格履行安全监护制度，任何一项风险管控措施得到有效实施，隐患能够及时排查消除，就能避免事故的发生。

填错停电工作票引发电弧烧伤事故

一、事故场景描述

某煤矿井下北翼十四采四变电所承担北翼部分采面生产用电，高压进线为6kV电压等级，两回路进线电源均引自中央变电所高压柜。所内共12台高防开关，其中2台进线开关，1台联络开关，9台负荷开关。

二、事故简要经过

2003年4月20日下午，某煤矿供电工区井下电工班班长徐某到工区翻阅调度记录，发现十四采四变电所11号低压总馈开关合闸指示灯不亮，查看供电系统图册后，填写停（送）电工作票，错误的将10号高防开关写成9号高防开关。周某、高某4月21日12时到十四采四变电所后，按停

(送) 电工作票停掉9号高防开关，然后打开11号低防开关前门，直接用钳子夹住扳手进行导体对外壳放电，搭接处产生火花，引起三相短路，将周某面部、手部、臀部和高某面部烧伤。

三、事故隐患

(1) 检修人员未严格执行“停电、验电、放电、挂设三相短路接地线”工作程序，违章作业，不验电就放电。

(2) 检修人员违反操作规程，现场操作开关，未戴绝缘手套，未核对所停开关与现场图纸及实际接线情况是否相符。

(3) 检修人员没有做到1人操作1人监护。

(4) 工作票填写不认真、不细致，导致工作票填写错误。

(5) 工作票审批制度执行不严，各级审批人员没有发现所停开关填错。

四、风险分析

(一) 风险类型及描述

(1) 火灾：线路和设备带电时存在引发火灾的风险。

(2) 机电（触电）：设备带电存在触电伤人的风险。

(3) 灼烫：带电设备存在短路电弧伤人的风险。

(二) 危害因素

(1) 停（送）电工作票填写、审批不严（人）。

(2) 不核对工作票内容与现场实际是否一致（人）。

(3) 作业人员不戴绝缘手套、穿绝缘鞋或站在绝缘台上（人）。

（4）未严格执行停电、验电、放电、挂设三相短路接地线程序（人）。

（5）使用导电工器具代替三相短路接地线（人）。

（6）带电设备外露可导电部分（机）。

（7）过负荷、短路、漏电保护装置功能失效（机）。

（8）电气设备、电缆周围存在可燃物，消防设施不完好（物）。

（9）安全监护管控失效（管）。

（三）风险评估

采用矩阵法对风险点存在的风险进行评估。

安全风险评估表

序号	风险点	风险	风险描述	风险评估			
				可能性	损害程度	风险值	风险等级
1	十四采四变电所	火灾	线路和设备带电时存在引发火灾的风险	2	2	4	低风险
2		机电（触电）	设备带电存在触电伤人的风险	3	3	9	一般风险
3		灼烫	带电设备存在短路电弧伤人的风险	2	3	6	低风险

(四) 管控措施

(1) 严格按照规范填写各类票证，严格执行工作票审批程序，工作前核对工作票供电系统图与现场实际是否一致，现场用电负荷变更后及时修改供电系统图，确保供电系统图与实际相符。

(2) 严格执行工作票和倒闸操作票制度，认真执行停电、验电、放电、挂设三相短路接地线工作程序，检修作业时必须穿戴合格的绝缘用具。设备检修前确认上级电源确已停电、挂设接地线；检修设备停电后，在检修点验电、放电、挂设一组个人保安线，确无电压后方可进行施工。

(3) 带电设备外露可导电部分，必须接地良好，保护装置齐全灵敏可靠，闭锁连锁装置安全可靠，各指示仪表、信号显示正常。

(4) 加强运行电气设备日常检查维护管理，坚持使用好过负荷、短路、漏电保护装置，及时清理电气设备、电缆附近的可燃物质，定期对保护装置进行试验，严禁设备超额定能力运行，配备足够合格的消防器材，掌握消防器材的使用及灭火方法。

(5) 明确施工人员工作职责，2 人工作时，应明确一名安全监护人，安全监护人不得从事具体检修工作，及时提醒施工人员安全注意事项并实时监护，发现安全隐患及时指出并采取有效措施。

五、事故教训

该起事故由于“设备带电可能触电伤人”“带电设备短路电弧可能伤人”2 条风险的管控措施失效，导致“不严格执行停送电工作票审批手续”“不核对工作票与现场实际是否一致”“不严格执行停送电工作程序”“使用导电工器具代替三相短路接地线”“安全监护管控失效”5条隐患产生，最终引发该事故发生。如认真执行“双防”管控措施，徐某认真填写工作票，各级人员严格履行工作票审批程序，周某、高某认真核对工作票和现场是否一致。严格执行停送电工作程序，使用合格的三相短路接地线，正确穿戴绝缘用品，严格执行安全监护制度，任何一项风险管控措施等得到有效管控，隐患能够及时排查消除，就能避免事故的发生。

水害事故

地表强降雨透水事故

一、事故场景描述

2013 年 7 月 9 日至 15 日，某煤矿矿区连降大到暴雨，累计降雨量达 140 毫米，雨水就地渗入露天矿区地表，顺煤层及顶板松散层向下游方向的矿井渗透，造成矿井涌水量增大。

二、事故简要经过

7 月 16 日 18 时 10 分，某煤矿调度发现地面雨量监测实时数据异常，副井涌水量明显增加，派李某下井调查异常原因。李某发现在副斜井 1 号防水闸及井底车场巷道顶板出水，在确认出水来源后汇报给调度室。19 时 15 分，启动雨

季应急处置措施，撤出井下人员。20 时 30 分，涌水量达到峰值 840 立方米/时。当中央泵房启动备用水泵排水时，发现不能正常启动，且 1 号防水闸泄水管腐蚀溃烂漏水严重。至 17 日 0 时，井底车场及主要大巷内积水严重，最大积水深度 1.5 米，影响矿井生产 5 天，经济损失约 150 万元。

三、事故隐患

（1）该矿地面降雨量监测系统运行不正常，矿井亦未与气象、水利、防汛等部门建立联系和预警机制，未能起到对降雨量的有效监测及预警作用，使值班人员不能及时做出应急措施。

（2）该矿忽视地表水防治工作，大面积煤层及顶板松散层暴露于地表，在降雨量达 140 毫米的情况下，未采取疏通排水通道、回填天坑和其他针对措施，造成地表降水顺煤层及顶板松散层向下游方向的矿区渗透。

（3）矿井未按照规定对井下防水闸墙、排水设施进行检查维护，备用排水设施长时间未试运行，管路锈蚀老化漏水，导致矿井不能正常排水。

四、风险分析

（一）风险类型及描述

水灾：井下突水异常，矿井不能正常排水存在淹面淹井的风险。

（二）危害因素

（1）矿井排水设备不完好，主排水能力达不到矿井涌水量要求（机）。

(2) 矿井地表降雨监测系统异常，未正常运行（机）。

(3) 矿井未建立健全灾害性天气预警机制（管）。

(4) 矿井没有开展雨季地面防汛检查（管）。

(5) 矿井未制定水害应急预案，未组织水害应急演练（管）。

(6) 矿井缺乏应急抢险队伍，职工缺乏水害应急知识，且水害应急物资储备不足（管）。

（三）风险评估

采用矩阵法对风险点存在的风险进行评估。

安全风险评估表

序号	风险点	风险	风险描述	风险评估			
				可能性	损害程度	风险值	风险等级
1	井底车场及主要大巷	水灾（透水）	强降雨渗透井下，造成井下大面积出水甚至淹井的风险	1	6	6	低风险

（四）管控措施

(1) 每年雨季前进行矿井大泵联合试运转，确保其状态完好；对防水闸墙、排水管、闭墙进行一次全面检查、维护；加强防排水设备维护，巷道注浆加固，提升矿井的防水抗灾能力。

(2) 建立地面降雨量监测系统，确保数据正常；在河流和塌陷区设立水位观测站并组织人员定期观测。

(3) 加强与气象、水利、防汛等部门联系，建立灾害性天气预报预警预防机制。

（4）每年雨季来临前对防汛工程计划完成情况进行全面检查，组织人员对露采坑周边及上游泄洪通道进行巡查，发现通道阻塞及时进行疏通；回填露天坑及地表塌陷，减少大气降雨渗漏。

（5）每年雨季前至少组织开展一次水害应急预案演练。演练结束后，应当对演练效果进行评估，分析存在的问题，并对水害应急预案进行修订完善。

（6）加强水害应急管理及职工水害应急知识培训，严格执行“灾害性天气停产撤人”规定，建立专业抢险救灾队伍，储备足够的防洪抢险物质。

五、事故教训

该起事故由于“矿区在强降雨期间，地表水渗透井下，造成井下突水异常”“矿井不能正常排水存在淹面淹井”2条风险的管控措施失效，导致“地表降雨监测系统未正常运行”“未建立健全灾害性天气预警机制”“井下排水设备不完好”“没有开展雨季地面防汛检查”4条隐患产生，最终引发该事故发生。如认真执行“双防”管控措施，水害风险得到有效管控，水害隐患得到有效排查和治理，就能避免事故的发生。

井下中央泵房水仓溢水事故

一、事故场景描述

某煤矿矿井采用中央水仓集中排水，即矿井水从各采区流至中央水仓，由排水泵排至地表。中央泵房设内、外水仓两环，泵房安装水泵5台，每台泵额定排水能力600立方米/时，扬程845米，3路排水管路，预留一路备用管路，排水管路选用ϕ325毫米无缝钢管。

二、事故简要经过

2011年8月3日夜班6点18分，某煤矿跟班领导陈某发现给煤机周围泄水孔的水流急且水量猛增，汇报生产指挥中心值班人员，并命令通风队查找水流来源。6点37

分，陈某发现中央水泵房水仓内的水已满并溢至水泵房门，立即通知中央水泵房值班人员齐某启动中央水泵开始排水。齐某发现水仓排水泵控制开关出现问题，未能正常启动，当即启用备用排水泵排水。备用水泵运行不到1小时，移动变压器跳闸，亦无法正常排水。至7点40分，积水进入各主要巷道，最深达1.5米，经过紧急检修于10时50分恢复排水。此次事故影响井底运输1天，无人员伤亡。

三、事故隐患

（1）该矿井下水仓水位监测系统异常，未正常运行，不能起到对水仓内异常水位做出有效监测及人员预警作用。

（2）该矿水仓内排水设施不完好，未按照规定对井下主排水设备进行检修维护，在备用排水泵不能正常排水情况下，严重影响矿井排水能力。

（3）该矿由于长时间未对水仓进行清理，水仓淤积严重，使矿井水仓储水容量大幅减小，不能满足原矿井规定要求。

（4）该矿井下水仓制度管理落实不到位，班组、岗位未按规定定期对中央水仓巡查。

四、风险分析

（一）风险类型及描述

（1）水灾：井下突水异常，矿井不能正常排水存在淹面淹井的风险。

(2) 淹溺：水仓内外仓防护不严、施工人员水仓内违章作业，容易造成人员跌落水仓，引发人员溺水风险。

(3) 机电（触电伤害）：排水设备不完好，检维修电器设备时违规操作，容易造成机电事故。

(二) 危害因素

(1) 水仓工作人员违规作业，未按规定进行正常排水工作（人）。

(2) 职工缺乏水害防治知识及避灾自救意识（人）。

(3) 井下水仓水位监测系统异常，未正常运行（机）。

(4) 水仓排水设施不完好（机）。

(5) 水仓储水容量不满足矿井涌水量要求（环）。

(6) 班组、岗位未按规定定期对中央水仓巡查（管）。

(7) 未进行水害停采撤人及应急处理演练（管）。

(8) 水仓（内外仓）未设防跌入水仓防护设施及警示标志（环）。

(三) 风险评估

采用矩阵法对风险点存在的风险进行评估。

安全风险评估表

序号	风险点	风险	风险描述	风险评估			
				可能性	损害程度	风险值	风险等级
1	中央水仓	水灾	井下突水异常，矿井不能正常排水存在淹面淹井的风险	3	3	9	一般风险

（续）

序号	风险点	风险	风险描述	风险评估			
				可能性	损害程度	风险值	风险等级
2	中央水仓	淹溺	水仓内外仓防护不严、施工人员水仓内违章作业，容易造成人员跌落水仓溺水的风险	2	3	6	低风险
3		机电（触电伤害）	电气设备故障伤人的风险	2	3	6	低风险

（四）管控措施

（1）加强职工井下水灾事故征兆、现场处置方案的学习，熟练掌握相应应急救援知识，在接到停产撤人指令时，能按照井下水灾现场处置方案安全撤离。

（2）建立健全井下水仓水位监测系统，安设水位异常预警装置，工作人员要实时掌握水仓水位变化情况，并做好记录。

（3）严格按照标准进行设备检修工作，加大机电设备检修和保养力度，对备用设施进行运行试验，确保其完好，并满足矿井排水能力要求。

（4）定期组织人员进行水仓内淤泥清理工作，确保水仓储水量符合要求，水仓容量处于可控状态。

（5）完善水泵房抽排水制度、水泵房巡检制度，定期对水仓巡查，发现问题要及时整改。

（6）每年雨季前至少组织开展一次水害应急预案演练。演练结束后，应当对演练效果进行评估，分析存在的问题，并对水害应急预案进行修订完善。

（7）电气设备检维修时，严格执行停送电制度，严禁违规操作。

五、事故教训

该起事故由于“井下水仓水位异常情况下未能及时排水”，使矿井水灾风险管控措施失效，导致“水仓水位监测系统未正常运行”“水仓内排水设施不完好”“水仓储水容量不满足矿井涌水量要求”“未按规定定期对中央水仓巡查”4条隐患产生，最终导致水仓积水未能及时排出造成井下溢水事故的发生。如认真执行“双防”管控措施，任何一级安全风险管控措施落实到位，齐某就能及时发现水仓水位异常，有效履行岗位职责，水害风险得到有效管控，就能避免此次事故的发生。

提高开采上限第四系出水溃砂事故

一、事故场景描述

某煤矿 1931E 工作面为 3 煤层提高开采上限留设防砂煤岩柱的回采工作面。工作面开切眼部位上隅角距第四系较近，防砂岩柱接近极限值 15.2 米，顶板岩石的抗压强度相对较弱。开切眼上部靠近断层带，构造复杂，应力相对集中，裂隙发育，岩石破碎，顶板完整性较差。煤层采动后，顶板冒落带和裂缝带发育高度比非构造地段大，导致防砂煤岩柱高度留设不足。

二、事故简要经过

2002 年 10 月 28 日上午，某煤矿工作面安装验收合格，中班开始生产。当班工作面向前推进 6.0 米时，上隅角遇断层，顶板滴水，及时进行支护。10 月 31 日 0 时 20 分夜班，发现工作面顶板开始漏砂，并伴有声响，立即组织撤人。0 时 30 分，工作面上隅角开始大量溃砂，并伴有少量水涌出，沿 15 度轨道巷冲至轨道大巷，把−258 轨道石门、皮带石门等 4 个出口全部堵严冲实，2 人被困。经过 9 天的奋力抢险，2 名遇险人员脱险。此次溃砂量约 5000 立方米，溃砂时涌水量约 50 立方米/时，造成地面出现半径 100 米的沉陷区。这次事故造成工作面停产封面，直接经济损失上千万元。

三、事故隐患

（1）该矿对特殊区域工作面未进行回采前生产系统评估。

（2）该矿工作面的安全保护煤柱预留不合理，在地质条件复杂区域下开采，煤层采动后顶板冒落带和裂隙带发育高度较大，该工作面预留的煤柱不能起到有效保护作用。

（3）该矿防治水管理不到位，未制定提高开采上限工作面专项安全措施及水害应急预案。

（4）该矿未组织水害应急演练，职工缺乏水害应急知识。

四、风险分析

（一）风险类型及描述

（1）水灾：提高开采上限工作面回采期间存在突水溃砂淹面伤人的风险。

(2) 窒息：巷道排水能力不足，局部被淹造成通风不畅，施工人员区域氧气含量低，存在人员窒息的风险。

(二) 危害因素

(1) 特殊区域工作面，未进行回采前各项系统评估(管)。

(2) 特殊地点未留设合理安全保护煤柱（环)。

(3) 提高开采上限工作面未制定专项安全措施（管)。

(4) 职工缺乏水害防治知识及避灾自救意识（人)。

(5) 工作面排水设施不完好，缺乏涌水溃砂处理设施(机)。

(6) 矿井未制定水害应急预案，未组织相关水害应急演练（管)。

(7) 矿井缺乏应急抢险队伍，水害应急物资储备不足，且职工缺乏水害应急知识（管)。

(8) 通风不畅巷道未按规定进行通风监测（管)。

(三) 风险评估

采用矩阵法对风险点存在的风险进行评估。

安全风险评估表

序号	风险点	风险	风险描述	风险评估			
				可能性	损害程度	风险值	风险等级
1	1931E 工作面	水灾	工作面回采期间存在突水溃砂淹面伤人的风险	4	5	20	较大风险

（续）

序号	风险点	风险	风险描述	风险评估			
				可能性	损害程度	风险值	风险等级
2	1931E工作面	窒息	巷道局部被淹造成通风不畅，施工人员区域氧气含量低，存在人员窒息的风险	1	4	4	低风险

（四）管控措施

（1）加强提高开采上限、地质条件复杂区域的水文地质条件调查与分析，并采取防溃砂安全措施。

（2）对提高开采上限特殊工作面，合理留设安全保护煤柱，按试采面严格管理。

（3）加强职工水害防治知识教育培训，确保职工熟练掌握应急救援知识，在接到停产撤人指令时，能按照井下水灾现场处置方案安全撤离。

（4）井下排水设施配备齐全，增设必要溃砂防治及处理设施，加强排水系统日常检查与维护，确保设备动态完好。

（5）每年雨季前至少组织开展一次水害应急预案演练，演练结束后，应当对演练效果进行评估，分析存在的问题，并对水害应急预案进行修订完善。

（6）制定矿井水害应急管理制度，建立专业抢险救灾队伍，储备足够的防洪抢险的物资。

（7）在通风不畅通区域加强局部通风机及各通防设施

管理，确保通风系统稳定、可靠。

五、事故教训

该起事故由于“未制定提高开采上限工作面专项安全措施”“工作面突水溃砂、淹面伤人”2条风险的管控措施失效，导致“特殊区域工作面回采前缺少生产系统评估”“留设安全保护煤柱不合理”“工作面未制定专项安全措施及水害应急预案”“未组织水害应急演练”4条隐患产生，最终引发工作面出水、溃砂伤人事故。如认真执行“双防”管控措施，使工作面水害隐患得到有效排查和治理，施工人员具备水害应急能力，就能避免事故的发生。

消 防 事 故

办公室火灾事故

一、事故场景描述

某煤矿综机公司办公楼共计4层，一层为综机类物资仓库，二、三、四层为办公室。一层按照小仓库消防安全管理规定配备安装了消防设施、设备，二、三、四层按照办公区域消防安全制度管理，每层配备2具灭火器。

二、事故简要经过

2007年3月12日晚18时34分，某煤矿综机公司办公楼四层办公室发生火灾，经矿保卫科和救护队奋力扑救，于19时10分将火扑灭。此次火灾过火面积10余平方米，烧毁电脑显示器1台、壁挂式空调室内机1台、床板1张、床

头架 1 个、被褥 1 套、窗帘 1 幅、窗户玻璃 8 块。

三、事故隐患

(1) 办公室内存有大量废旧易燃物资，离办公用电设备及插排较近。

(2) 员工在室内违规吸烟，且烟头未熄灭，直接造成发火隐患。

(3) 员工班后未安全确认，导致火灾隐患未及时消除。

(4) 单位巡查制度落实不到位，导致隐患未得到及时整改。

四、风险分析

(一) 风险类型及描述

火灾：办公室因各种原因导致起火的风险。

(二) 危害因素

(1) 办公电器线路老化造成短路起火（人）。

(2) 人员工作时间内违规吸烟（人）。

(3) 墙壁开关使用时间长存在过热等隐患（机）。

(4) 室内存有大量废旧易燃物资（环）。

(5) 办公地点班后未确认（管）。

(6) 插排使用不符合规范（管）。

(7) 未按规定熄灭烟头（管）。

(8) 消防责任人未定期巡查责任区域（管）。

(三) 风险评估

采用矩阵法对风险点存在的风险进行评估。

安全风险评估表

序号	风险点	风险	风险描述	风险评估			
				可能性	损害程度	风险值	风险等级
1	综机公司办公室	火灾	因各种原因引发火灾的风险	3	2	6	低风险

（四）管控措施

(1) 加强多用插排、电脑、打印机、碎纸机、封口机、饮水机等用电设备的检查，下班前要全部关机并关闭总电源。

(2) 积极创建无烟办公室，不禁烟的办公室要加强吸烟人员管理，吸烟后要及时熄灭烟头，没有熄灭的烟头禁止扔进废纸篓。

(3) 加强墙壁开关检查，及时更换不合格开关，下班时应拔下全部墙壁插座。

(4) 夏季是用电高峰期，特别是空调等电器的供电线路容易超负荷引发短路，部分使用时间较长的线路老化严重引起火灾。使用空调前，要组织一次用电安全隐患排查，确保符合安全规定。

(5) 及时清理废旧易燃物资，需正常存放的文档、报纸等易燃物资，应远离电器开关，并保持合理安全间距。

(6) 落实消防安全第一责任人，及时对责任区域定期巡查。

(7) 对插座、插排、电器的使用进行统一规范管理，定期开展检查。

(8) 杜绝将汽油、小型充气灌等易燃易爆物品存放在办公室内，冬季使用电暖气要经过审批，严禁使用电炉丝裸露的电热器取暖。

五、事故教训

该起事故由于“员工吸烟后留有未熄灭的烟头”“没有熄火的烟头禁止扔进废纸篓”“工常存放的文档报纸等易燃物资应远离电器开关，保持合理安全间距”“落实消防安全第一责任人，及时对责任区域定期巡查”4 条风险的管控措施失效，导致办公室存在“违规吸烟”“有未熄灭的烟头”“未班后确认”“室内存有大量废旧易燃物资”4 条隐患，没有得到有效排查和处置，最终引发火灾事故发生。如认真执行“双防”管控措施，张某严格执行办公室禁烟制度，禁止将未熄灭烟头扔进废纸篓，及时清理易燃物资，班后认真执行安全确认制度，任何一级风险管控措施得到有效实施，隐患能够及时排查消除，就能避免事故的发生。

地面电缆着火事故

一、事故场景描述

某煤矿采掘办公楼坐落于办公区域的中心地带，同职工澡堂、灯房、副井口连接在一起。西侧楼顶有多股供电电缆由此经过，楼顶有一通道能够直通楼梯走廊。

二、事故简要经过

2006 年 2 月 17 日下午 3 时 45 分，掘进二区某职工发现楼道内有大量烟雾并有烧焦气味，于是立即查找原因，发现楼顶处电缆着火，随即报警。矿保卫科到达现场后使用干粉灭火器进行灭火，并打电话联系变电所切断电源，8 分钟后着火电缆熄灭。经调查，着火原因为电缆下面的废旧物资被

未熄灭的烟头点燃，然后将电缆引燃，其中 7 根电缆被烧毁，造成部分电路断电，影响生产 2 个小时。

三、事故隐患

（1）电缆附近违规存放易燃易爆物资，导致电缆和易燃物资距离过近。

（2）单位防火措施不落实，忽视人员在电缆附近逗留、违规吸烟的危害性。

（3）消防安全定期巡查制度未落实，楼顶通道未封闭，导致人员进入楼顶。

四、风险分析

（一）风险类型及描述

火灾：因电缆自燃、外界热源，存在发火的风险。

（二）危害因素

（1）人员在电缆附近逗留、吸烟（人）。

（2）电缆接头短路（人）。

（3）长期过载运行（机）。

（4）绝缘损坏引起短路故障（机）。

（5）消防安全定期巡查制度未落实（管）。

（6）电缆附近违规存放易燃易爆物品（管）。

（7）楼顶通道未封闭（环）。

（三）风险评估

采用矩阵法对风险点存在的风险进行评估。

（四）管控措施

（1）加强职工管理，避免闲杂人员在地面重要电缆处

安全风险评估表

序号	风险点	风险	风险描述	风险评估			
				可能性	损害程度	风险值	风险等级
1	采掘办公楼楼顶	火灾	因电缆自燃、外界热源，存在发火的风险	3	2	6	低风险

长时间逗留，以免发生人为损坏或违规吸烟点燃电缆附近易燃物资，并引燃电缆。

（2）电缆因长时间运行，接头处氧化，绝缘下降，容易造成两相短路着火。要加强工程施工验收管理，杜绝施工人员在制作电缆接头过程中，因接头压接不紧、加热不充分等原因，导致电缆头绝缘降低形成短路，引发火灾事故。

（3）严格落实电缆施工设计审批制度，杜绝电缆长时间过载运行。

（4）落实消防安全第一责任人，定时开展消防检查，及时整改消防安全隐患。

（5）加强电缆周边物资存放管理，杜绝存放废旧物资、易燃物资、高温蒸汽管道、酸碱化学物资容器。

五、事故教训

该起事故由于“人为损坏或违规吸烟点燃电缆附近易燃物资”“落实消防安全第一责任人，及时整改消防安全隐患”“杜绝存放易燃易爆物资”3 条风险的管控措施失效，导致“电缆附近存在易燃物”“职工在电缆存放处吸烟”2

条隐患产生，最终引发该事故发生。如认真执行“双防”管控措施，责任区域单位严格执行禁烟，禁止人员进入楼顶，楼顶严禁存放易燃物资，任何一级风险管控措施得到有效实施，隐患能够及时排查消除，就能避免事故的发生。

高层公寓火灾事故

一、事故场景描述

某煤矿高层公寓楼共计21层，其中地下2层为附属设备区，地上19层为人员居住区。在楼的东侧、中间、西侧分别配置消防安全楼梯，在楼道、楼梯处安装了消防安全烟感自动报警系统和疏散指示标志，消防自动报警监控中心设在地下一层，消防人员昼夜值班处置报警信息并开展专项巡查。

二、事故简要经过

2009年4月24日晚9时10分，某煤矿高层公寓楼消防监控室分别收到19层、16层、13层火灾探测器的报警信号，经核实后，立即拨打“119”报警，同时启动消防水泵、风机，开启消防广播通知人员疏散。保卫科、救护队到达现场后，发现一层消防送风通道内有明火，13层、16层、19层浓烟较大，消防人员分别击碎13层、16层、19层大厅室内消火栓玻璃，取出水带，开启手柄，向送风道内注水，明火很快被扑灭。经调查，起火原因为高层公寓楼一层送风口处违规存放的垃圾被点燃后产生的浓烟和明火所致。

三、事故隐患

(1) 楼梯间送风口被损坏，行人随意向送风道扔垃圾和烟头，导致送风口内有易燃物资，易被未熄灭的烟头点燃。

(2) 防火门破损，未能有效隔绝烟雾扩散，导致烟雾顺楼道、楼梯蔓延，扩大火情。

(3) 巡查制度落实不到位，没有及时发现百叶窗损坏，并及时进行维修。

四、风险分析

(一) 风险类型及描述

火灾：消防器材部分缺失，消防通道违规存放纸箱，疏散指示标志损坏或缺失，外保温材料不达标，存在发生火灾事故的风险。

（二）危害因素

（1）按标准配置的消防设施损坏（人）。

（2）楼梯间送风口损坏（人）。

（3）防火门没有保持关闭状态（人）。

（4）随意乱扔烟花爆竹、未熄灭烟头（人）。

（5）消防安全通道被占用（环）。

（6）高层公寓住户消防安全知识缺乏（环）。

（7）安全出口不畅通（管）。

（8）楼道内存放电动车、易燃物资（管）。

（9）防火巡查、处置不到位（管）。

（三）风险评估

采用矩阵法对风险点存在的风险进行评估。

安全风险评估表

序号	风险点	风险	风险描述	风险评估			
				可能性	损害程度	风险值	风险等级
1	高层公寓	火灾	消防器材部分缺失，消防通道违规存放纸箱，疏散指示标志损坏或缺失，外保温材料不达标，存在发生火灾事故的风险	3	2	6	低风险

（四）管控措施

（1）要及时维修更换损坏的消防设施、器材，定时排查安全逃生指示标志、应急灯的完好情况。

(2) 楼梯间送风口安装百叶窗，杜绝废旧物资及垃圾扔进送风口。

(3) 巡查人员要加强巡逻，对每层的防火门关闭状态进行监督和管理，发挥防火作用。

(4) 开展消防安全宣传教育，让居民认识到乱扔烟花爆竹、未熄灭烟头的危害性。

(5) 加强消防安全专用通道管理，严禁私家车及其他车辆停放在消防安全通道上。

(6) 安排专人每天定时巡查楼道、楼梯、电梯大厅等疏散通道、安全出口，通知住户不得堵塞、占用安全出口。

(7) 消防人员要按时巡查，对应急灯、安全逃生指示标志等消防设施完好情况进行记录，并落实隐患整改措施。

五、事故教训

该起事故由于“楼梯间送风口安装百叶窗，闲杂物资及垃圾扔进送风口”“百叶窗损坏没有及时维修”“职工对乱扔烟花爆竹、未熄灭烟头的危害性认识不足”3 条风险的管控措施失效，导致高层公寓存在“消防设施损坏”“烟头能够扔进送风口”2 条消防隐患产生，最终导致该事故发生。如认真执行“双防”管控措施，严格执行消防设施动态巡查、消防安全教育等制度，任何一级风险管控措施得到有效实施，隐患能够及时排查消除，就能避免事故的发生。

其他事故

高空作业人员坠落摔伤事故

一、事故场景描述

某煤矿综机安装工区改造电缆桥架，将原电缆桥分段割开，使用吊车将分割的电缆桥吊到新电缆桥架处安装焊接。电缆桥距地面约2.5米，施工场地狭窄。

二、事故简要经过

2012年10月3日，某煤矿改造综机安装工区南侧电缆桥架。尹某主持召开班前会，布置当班的工作任务和安全注意事项。8时30分，施工人员进入作业现场，电焊工盛某、董某站在升降车斗内拆除电缆桥架。利用吊车将拆除的桥架放到地面清理焊口。10时10分，尹某指挥吊车将拆除的电缆桥架吊放到新支架上。电焊工董某到已安装好的电缆桥架上，挂好保险带后焊接固定新电缆桥架。焊接完电缆桥架2个上部焊口后，尹某安排李某从梯子上登到新电缆桥架上，拆除吊车钢丝绳套和西侧牵引绳。吊车司机刘某落绳，李某拆除钢丝绳套和牵引绳后，尹某指挥吊车司机刘某起杆收起钩头。钩头所带的2个钢丝绳套从桥架外侧升起的过程中，钢丝绳套卡头突然挂在桥架一侧角钢梁上，将桥架带落翻转到地面上，李某从桥架上跳到地面上摔伤，造成右腿小腿骨折、右脚脚跟骨折。

三、事故隐患

(1) 现场指挥人员违章指挥，电缆桥未焊接完毕就拆除起吊钢丝绳套。

(2) 现场指挥人员违章指挥，人员未撤到安全区域就进行起吊作业。

(3) 起吊过程观察不仔细，运行空域内有障碍物。

四、风险分析

(一) 风险类型及描述

(1) 触电：设备带电可能发生触电伤人的风险。

(2) 灼伤：工件焊割作业存在人员灼伤的风险。

(3) 火灾：焊割作业存在引起火灾的风险。

(4) 高处坠落：人员登高作业存在坠落伤人的风险。

(5) 起重伤害：起吊工件存在坠落伤人的风险。

(二) 危害因素

(1) 劳动防护用品不完好、穿戴不符合规定（人）。

(2) 电焊机、电缆、开关、电焊钳不完好（机）。

（3）仰焊或横焊时，操作不规范（人）。

（4）清渣未戴防护眼镜（人）。

（5）电气焊设备不完好（机）。

（6）氧气、乙炔瓶放置不规范，两者之间距离小于5米，距离烧焊地点小于10米（机）。

（7）登高作业人员存在登高禁忌症（人）。

（8）登高梯子不完好（机）。

（9）登高作业未戴安全帽、未使用保险带或保险带生根不牢、未高挂低用、站位不牢（人）。

（10）吊车、吊具不完好（机）。

（11）工件捆绑不牢固、起吊位置不合理、未设牵引绳（人）。

（12）工件起吊过程中，运行空域内有障碍物（环）。

（13）起吊作业时，人员未撤到安全区域（人）。

（14）作业现场未拉警戒线、未设立警示标志（管）。

（三）风险评估

采用矩阵法对风险点存在的风险进行评估。

安全风险评估表

序号	风险点	风险	风险描述	风险评估			
				可能性	损害程度	风险值	风险等级
1	电缆桥架改造现场	触电	存在设备带电可能触电伤人的风险	3	5	15	一般风险

（续）

序号	风险点	风险	风险描述	风险评估			
				可能性	损害程度	风险值	风险等级
2	电缆桥架改造现场	灼伤	工件焊割作业存在人员灼伤的风险	4	2	8	低风险
3		火灾	焊割作业存在引起火灾的风险	3	4	12	一般风险
4		高处坠落	人员登高作业存在坠落伤人的风险	3	5	15	一般风险
5		起重伤害	起吊工件存在坠落伤人的风险	3	5	15	一般风险

（四）管控措施

（1）作业前，检查劳动防护用品，确保完好，并按照规定穿戴整齐。

（2）作业前，检查电焊机、电缆、开关、电焊钳等，确保完好。

（3）清渣必须戴防护眼镜。

（4）作业前，清理干净施工现场，特别是电缆桥架下方，不得存在易燃、易爆物品。

（5）作业时，派专人监督，严禁人员从电缆桥架下方通过。

（6）作业前，检查氧气、乙炔表、胶管、焊具，确保完好。

（7）氧气、乙炔瓶放置要规范，两者之间距离大于5

米，距离烧焊地点大于 10 米。

(8) 作业完毕，清理现场，洒水降温，留人观察 1 小时，确认安全后方可离开。

(9) 登高梯子使用符合规定，架立梯子时，要注意梯子与地面的夹角以 60 度为宜，在光滑的地面架设，要有防滑措施，设专人扶梯。

(10) 起吊作业前，明确现场起吊指挥人员，确保指挥人员与吊车司机、工作人员联系顺畅，口令统一。

(11) 工件捆绑要牢固、起吊位置合理、挂设牵引绳。

(12) 施工人员操作时，必须严格按照规程、措施，严禁违章指挥、违章作业。

五、事故教训

该起事故由于“现场交叉作业”“起吊工件存在坠落伤人”2 条风险的管控措施失效，导致“现场指挥人员违章指挥”“电缆桥未焊接完毕就拆除起吊钢丝绳套”“人员未撤到安全区域就进行起吊作业”“起吊过程观察不仔细，运行空域内有障碍物”4 条隐患产生，最终导致该事故发生。如认真执行“双防”管控措施，尹某科学合理安排施工进度，电缆桥焊接完毕后指挥李某拆除起吊钢丝绳套；人员撤到安全区域后起吊作业；起吊过程中发现运行空域有障碍物立即停车。任何一项风险得到有效管控，隐患能够及时排查消除，就能避免事故的发生。

人员横跨铁路轧伤事故

一、事故场景描述

某煤矿车站是煤矿煤炭铁路外运的装车站，主要办理运煤列车到发作业、相关调车作业（解体、编组）。站内作业流程：空车接入3股后，值班员根据装车计划和编组情况，下达调车作业计划，将空车解体到1、2股，与矿方办理交接后，矿方装车；矿方装车完毕后与车站办理交接，车站将1、2股的重车编组集结到3股，然后发出。矿煤质发运科筛选班工作范围主要为清理东西煤场、运煤路段卫生及分拣生活垃圾。

二、事故简要经过

2016年8月19日8时，某铁路运输处某车站当班班长杨某召开班前会并安排本班工作。8时05分，铁路运输处调度室向车站下达列车计划，8时55分，442次K43车进入车站3道停车。9时，杨某下达调车作业计划，9时05分，调车员刘某、连接员陈某按照调车作业计划到达现场开始作业。9时13分27秒，进1道调车信号开放后，连车员陈某坐在D6信号机附近向调车员发出“十、五、三”及仓前一度停车信号，调车员刘某按照信号指挥司机调动车列开始推进1道，推进时速13千米/时（限速25千米/时）。9时20

分左右，当机车通过1股折返信号机后，司机赵某向后方瞭望时，发现1股道右后方一女子呼喊招手，赵某紧急停车，造成该矿煤质发运科职工邵某创伤性休克、多发伤、多处骨折、右侧上臂撕脱完全离断伤。

三、事故隐患

（1）煤厂与车站之间隔离栅栏留有缺口，未能及时采取有效措施进行管控，造成此隐患长期存在，使职工养成横穿铁路的不良习惯。

（2）调车作业时，邵某违章进入调车区域。

（3）连车员刘某违章未跟车领车，未及时发现铁路上行人。

四、风险分析

（一）风险类型及描述

运输：列车运行过程中，人员误入列车运输区域存在轧伤人员的风险。

（二）危害因素

（1）调车作业时，人员违章进入调车区域（人）。

（2）调车作业与清理垃圾同时进行（管）。

（3）调车作业列车推进时，连车员未跟车领车（人）。

（4）人员未按照煤场行走路线图行走（人）。

（5）煤厂与车站之间隔离栅栏留有缺口（环）。

（三）风险评估

采用矩阵法对风险点存在的风险进行评估。

安全风险评估表

序号	风险点	风险	风险描述	风险评估			
				可能性	损害程度	风险值	风险等级
1	列车调车场	运输	车辆运行过程中，人员误入列车运输区域存在轧伤人员的风险	3	5	15	一般风险

（四）管控措施

（1）禁止无关人员进入站场调车作业区域。

（2）禁止调车作业与清理垃圾同时进行，调车时清理垃圾作业人员撤离作业区域。

（3）严格按照规定作业，调车作业时，连车员上头车跟车领车。

（4）工作人员严格按照煤场行走路线图行走，过道口左右看，确保无火车，方可通过。

（5）人员上下班过铁路，必须走人行天桥，严禁横跨铁路。

(6) 确保煤场与车站之间隔离栅栏完好。

五、事故教训

该起事故由于“车辆运行过程中，人员误入列车运行区域，存在车辆轧伤”的风险管控措施失效，导致“调车作业时邵某违章进入调车区域”“连车员刘某违章未跟车领车，未及时发现铁路上有人”的2条隐患产生，最终导致该事故发生。如认真执行“双防”管控措施，及时修补好煤厂与车站之间隔离栅栏的缺口，邵某严格执行调车作业规定，连车员刘某按照规定跟车领车，任何一项风险得到有效管控，隐患能够及时排查消除，就能避免事故的发生。

人员坠落溜煤眼事故

一、事故场景描述

某煤矿北翼 326 运输巷掘进工作面采取爆破掘进方式，煤流系统经运输巷内 2 部刮板输送机、溜煤眼、皮带巷内 1 部带式输送机运输。刮板输送机司机郝某负责操作运输巷 2 部刮板输送机（其中 1 部靠近溜煤眼），带式输送机王某负责操作带式输送机巷内 1 部带式输送机及溜煤眼给煤机。

二、事故简要经过

1995 年 3 月 30 日中班 16 时 30 分左右，掘进工区电工宋某从运输巷掘进工作面去溜煤眼附近检修开关。当走到靠近溜煤眼处刮板输送机时，发现刮板输送机正在运转，却未发现司机郝某。宋某就返回工作面向班长汇报，班长立即派人寻找。此时溜煤眼下口带式输送机司机汇报，放煤期间，由溜煤眼内下来一块矸石（0.5 米×0.3 米×0.2 米）、一根圆木（1.15 米×0.16 米）、矿灯灯头、一只胶靴和郝某，便立即停止带式输送机进行抢救。根据事故现场勘查认定，郝某是在处理刮板输送机上的矸石或圆木时，不慎被刮板输送机拉倒，掉入溜煤眼内，且现场试验发现刮板输送机停机开关不灵敏。

三、事故隐患

（1）掘进工作面施工现场安全管理不到位，溜煤眼处未安设护栏、护罩及防止人员坠落的篦子。

（2）机电设备检修维护工作不到位，刮板输送机开关不灵敏。

（3）掘进工作面施工人员工作不负责，在掘进工作面耙装机装煤期间发现煤流中杂物却未及时捡出。

（4）刮板输送机司机自我保护意识差，违规不停机处理煤流中杂物且未使用专用工具。

四、风险分析

（一）风险类型及描述

（1）机电（机械伤害）：运行中的刮板输送机存在伤人的风险。

（2）高处坠落：溜煤眼附近施工存在人员坠落的风险。

（二）危害因素

（1）刮板输送机司机不停机处理煤流中杂物（人）。

（2）溜煤眼处无护栏、护罩及防止人员坠落的篦子（环）。

（3）单人单岗作业管理存在不足（管）。

（4）机电维修工设备检修、维护不到位（管）。

（5）刮板输送机开关不灵敏（机）。

（6）处理煤流系统大块矸石及杂物未配备专用工具（管）。

（7）掘进工作面未做好煤流系统管理工作，防止大块矸石及脏杂物进入煤流系统（管）。

（三）风险评估

采用矩阵法对风险点存在的风险进行评估。

安全风险评估表

序号	风险点	风险	风险描述	风险评估			
				可能性	损害程度	风险值	风险等级
1	326运输巷	机电（机械伤害）	运行中的刮板输送机存在伤人的风险	4	3	12	一般风险
2	326运输巷	高处坠落	溜煤眼附近施工存在人员坠落的风险	3	3	9	一般风险

（四）管控措施

（1）刮板输送机运行期间，如发现煤流系统中有大块矸石或脏杂物，必须立即对刮板输送机进行停机闭锁，严禁人员触碰运行中的设备。

（2）加强井下煤仓（溜煤眼）管理，掘进用煤仓（溜煤眼）上口必须按规定安设合格的篦子，且溜煤眼周围安设护栏，人员严禁进入护栏内，确需在护栏内施工时，施工人员必须佩戴保险带并生根牢固。

（3）加强单人单岗作业人员管理，提高职工安全意识，单人单岗职工必须明确岗位责任制及安全操作规程，严禁安全不放心人从事单人单岗工作。

（4）加强机电设备管理，机电维修工必须定期对机电设备进行检修维护，确保正常运行，严禁设备带病运行。

（5）人员进入无防护罩等安全设施的溜煤眼 2 米范围内，必须佩戴保险带，保险带必须拴在牢固的构件上，高挂低用。

（6）处理煤流系统中杂物时，必须使用专用长柄工具。

（7）加强掘进工作面煤流系统管理，严禁大块煤矸及杂物进入煤流系统，大块矸石必须进行破碎处理，脏杂物及时拣出。

五、事故教训

该起事故由于“运行中的刮板输送机可能伤人”“溜煤眼附近施工人员可能坠落”2 条风险的管控措施失效，导致“溜煤眼上口未安设防止人员坠落的安全设施”“刮板输送机开关不灵敏”“刮板输送机司机违规不停机处理煤流系统中杂物”3 条隐患产生，最终引发该事故发生。如果认真执行“双防”管控措施，溜煤眼上口区域安设防止人员坠落的安全设施，刮板输送机司机停机后再处理杂物，任何一项风险管控措施得到有效实施，隐患能够及时排查消除，就能避免事故的发生。

违章起吊作业伤人事故

一、事故场景描述

某煤矿9317运输巷与联络巷交岔点采用锚网喷支护，巷高3.8米，巷中铺设1路22千克/米轨道，运输车辆为急需更换的综掘机配件（设备及矿车总质量为2.8吨）。现场起吊工具为1台最大起吊能力5吨的手拉葫芦、专用起吊环及配套起吊链。现场起吊时葫芦通过起吊环挂设在顶板支护锚杆上，葫芦起吊钩挂在起吊链上，起吊链两端连接在矿车两侧。

二、事故简要经过

2002年8月20日10时，某煤矿综掘一队早班在9317运输巷掘进施工，班前会区队值班人员安排卸料班人员王某等4人在联络巷及运输巷内进行提升运输作业。卸料班人员将车辆提升至联络巷上车场后，计划在平巷区段内将车辆推至无极绳绞车前方连车处，当推车至联络巷与运输巷交岔点轨道拐弯位置时矿车掉道。因矿车掉道位置无专用起吊锚杆，王某便使用1根支护锚杆作起吊点进行起吊。操作手拉葫芦人员张某站在起吊位置下方，其余人员站在车辆一侧推移矿车辅助矿车复轨。起吊过程中起吊区域顶板一片浆皮突然冒落，操作手拉葫芦人员张某腿部被砸骨折。

三、事故隐患

（1）现场起吊作业前起吊负责人王某未对作业环境进行安全评估，未发现起吊区域顶板开裂浆皮。

（2）起吊作业负责人违章指挥，安排施工人员违规使用支护锚杆作为起吊点进行起吊作业。

（3）操作手拉葫芦人员张某违章作业，自我保护意识缺乏，违规站在起吊位置下方操作手拉葫芦。

（4）工区安全教育不到位，现场职工违规使用单根锚杆起吊超过2吨重物。

四、风险分析

（一）风险类型及描述

（1）冒顶（片帮）：起吊区域顶板存在冒落伤人的风险。

（2）高处坠落：人员登高作业存在坠落伤人的风险。

（3）物体打击：起吊作业存在重物倾倒、起吊设备断裂伤人的风险。

（二）危害因素

（1）起吊作业区域顶板开裂浆皮（环）。

（2）起吊作业时未在施工区域两侧设置警戒（管）。

（3）施工前未执行敲帮问顶制度（管）。

（4）起吊作业时，操作手拉葫芦人员站位不合适（人）。

（5）起吊作业时，未安排专人指挥、监护（管）。

（6）现场施工人员违章使用支护锚杆进行起吊作业（人）。

（7）起吊超过 2 吨重物时，未使用多点起吊的方式（管）。

（三）风险评估

采用矩阵法对风险点存在的风险进行评估。

安全风险评估表

序号	风险点	风险	风险描述	风险评估			
				可能性	损害程度	风险值	风险等级
1	9317运输巷	冒顶（片帮）	起吊区域顶板存在冒落伤人的风险	3	4	12	一般风险
2		高处坠落	人员登高作业存在坠落伤人的风险	5	1	5	低风险
3		物体打击	起吊作业存在重物倾倒、起吊设备断裂伤人的风险	4	4	16	一般风险

（四）管控措施

（1）作业前起吊负责人要认真检查工作现场、周围环境及顶板完好情况，确认帮顶支护、作业空间符合起吊和行人要求。

（2）起吊作业前，应预先在起吊现场两端设置安全警戒标志，非施工人员禁止入内。

（3）起吊过程要专人操作、专人监护，并明确施工负责人和安全责任人，起吊由施工负责人统一指挥。

（4）锚网支护巷道，严禁使用作为永久支护的锚杆、钢带、锚索、菱形（经纬）网作为起吊生根点。

（5）起吊时要根据物件的形状和吨位选择起吊方式，物件形状不规则或大于2吨的物件必须采用多点起吊，多点起吊时操作人员要配合好，保证物件平衡起吊。

（6）物件下严禁有人，操作人员必须站在一旦因起吊索具或起吊工具失效造成起吊物件下落或运动所能波及范围以外的位置，严禁人员随物件一起升降。负责指挥检查的人员，必须站在能够观察全面的安全地点密切注视吊装过程中的安全情况，及时提醒、指挥操作人员，一旦发现险情，立即停止作业，排除险情后，再进行起吊。

五、事故教训

该起事故由于“起吊区域顶板可能冒落伤人”的风险管控措施失控，导致“起吊区域上方开裂浆皮未及时找掉”“违规使用永久支护锚杆作为起吊点”“操作手拉葫芦人员站位不合适”3条隐患产生，最终引发该事故发生。如果认真执行“双防”管控措施，现场施工人员严格按照规定打注专用起吊锚杆进行起吊作业，安全负责人及时做好工作现场顶板完好情况检查，操作手拉葫芦人员正确站位，风险将得到有效管控，隐患能够及时排查消除，就能避免事故的发生。

误入转载机尾链轮伤人事故

一、事故场景描述

某煤矿13305采煤工作面，安装SL300型采煤机1台，SGZ-1000/1400型刮板输送机1台，SZZ-1000/525型转载机1台，ZFS6200-18/35型液压支架118组，轨道巷端头和运输巷端头分别安装ZTF6500-19/32型排头支架3组。

二、事故简要经过

2002年10月13日早班，某煤矿13305采煤工作面接班后正常生产。机头端头工张某在转载机机尾处支设、回撤切顶密集支柱作业，为机头推进造条件。约7时45分，煤机截割至18号架时，运输机司机突然听到转载机尾处有人惨叫并喊“停机”，立即闭锁停机。检查发现端头工张某右脚踏入转载机机尾护罩和转载机压链板之间的空隙（现场护罩使用旧皮带防护）。现场人员立即将其救出，经医院救治，右腿高位截肢。后经调查得知，因当班出勤人员较少，张某单独负责机头维护，根据班前安排，在回撤密集支柱时，班长安排其他人员进行协助。班长因其他原因未及时达到现场，张某怕耽误正常作业循环，单人站在转载机尾护罩上向上提起单体支柱并向前转移，致使右脚踏入旋转的机尾链轮处受伤。

三、事故隐患

(1) 区队忽视转动部位防护问题，该工作面转载机尾护罩长期使用旧皮带进行防护，防护皮不能承担防护、隔离转动部位的作用。

(2) 班组生产组织混乱，端头切顶支柱回撤时，班组长未及时到现场并安排其他人员配合张某共同作业，造成张某单人回撤密集支柱。

(3) 张某在回撤切顶密集支柱时，未及时通知班长安排他人进行配合，在需要到转载机尾处作业时，在未对转载机停电并闭锁的情况下单人冒险作业。

(4) 现场班组长及管理人员履责不到位，现场存在回撤切顶密集作业等重点工序时，未在现场协调指挥，因而未及时发现张某违章作业并进行制止，造成事故的发生。

四、风险分析

(一) 风险类型及描述

(1) 机电（机械伤害）：转载机、皮带等转动部位防护不严，施工人员容易触碰造成伤害；进入转载机等可运转部位作业前，未执行停送电制度造成机械伤害。

(2) 冒顶（片帮）：回撤切顶支柱时存在顶板冒落伤人的风险。

(3) 物体打击：回撤切顶支柱时存在支柱歪倒伤人的风险。

(二) 危害因素

(1) 转载机、输送机等转动部位防护不符合规定（管）。

(2) 在转动部位上方（内部）作业时未严格执行停送电制度（人）。

(3) 施工人员违章触碰转动部位（人）。

(4) 采空区管控不严格，人员误入受伤害（管）。

(5) 不按规程规定3人回撤切顶密集支柱（人）。

(6) 超前回撤切顶密集支柱（人）。

(7) 回撤切顶密集支柱未执行“先支后回”制度（人）。

(8) 安全设施不齐全、不完好（管）。

(9) 在回撤切顶密集支柱、进入破碎机等重点工序作业时，管理人员或班组长未在现场协调指挥（管）。

(三) 风险评估

采用矩阵法对风险点存在的风险进行评估。

安全风险评估表

序号	风险点	风险	风险描述	风险评估			
				可能性	损害程度	风险值	风险等级
1	13305采煤工作面	机电（机械伤害）	转载机、皮带等转动部位防护不严，施工人员容易触碰造成伤害；进入转载机等可运转部位作业前，未执行停送电制度造成机械伤害	2	3	6	低风险
2		冒顶（片帮）	回撤切顶支柱时存在顶板冒落伤人的风险	2	3	6	低风险
3		物体打击	回撤切顶支柱时存在支柱歪倒伤人的风险	4	1	4	低风险

（四）管控措施

（1）转载机链轮、皮带回转滚筒、破碎机带轮必须安装护罩并实现刚性全封闭，挂设警示牌，严禁人员靠近或踩踏，防止出现挤伤、卷入伤人。

（2）转载机必须设置行人过桥，过桥前后设置防拉人装置，防止人员坠入发生伤亡事故。

（3）施工人员需要进入可运转部位上方或内部作业时，必须严格执行停送电制度，做到“谁停电谁送电”，并就近闭锁。

(4) 现场严格执行“先支后回”制度，严禁超前回撤。

(5) 回撤密集支柱时，至少3人同时作业，1人监护2人回撤。

(6) 严禁任何人员的身体躯干部位探入切顶密集支柱后方无支护区域作业或逗留。

(7) 在进行回撤切顶密集支柱、进入破碎机等重点工序作业时，必须有管理人员或班组长在现场协调指挥；同岗人员相互提醒，做好互保联保。

五、事故教训

该起事故由于转载机尾链轮在转动过程中存在伤人风险，现场“转载机、输送机等转动部位防护不符合规定”“不按规程规定3人回撤切顶密集支柱”“转动部位上方(内部)作业时未严格执行停送电制度”的3条风险的管控措施失效；加之现场生产组织混乱，“在回撤切顶密集支柱、进入破碎机等重点工序作业时，管理人员或班组长未在现场协调指挥”“工区、班组定期巡查，发现违章作业未及时制止”的2条风险的管控措施失效，导致张某违规站在转载机尾护罩上回撤切顶密集支柱时发生伤腿事故。如果现场转载机尾安装刚性全封闭护罩，班组长现场统一协调指挥，并安排其他人员配合张某在停电后共同作业，转载机尾链轮运转伤人风险得到有效管控，隐患能够及时排查消除，就能避免事故发生。

跋

习近平总书记强调，要牢固树立发展决不能以牺牲安全为代价的红线意识。这不仅体现着以人民为中心的发展思想，释放出“安全为人民”的鲜明价值导向，也为我们加强新时期安全生产工作指明了方向，提供了根本遵循。

唯有将安全理念贯穿生产全过程，使安全意识成为全民共识，经济发展才能高质高效，社会才能安定和谐。为了将党和国家一系列安全决策部署落到实处，切实加强煤矿安全生产基础工作，有效遏制煤矿事故发生，充分发挥思想教育引导作用，东滩煤矿党委结合矿井实际和培训需要，组织力量编写了《“双防”机理倒推事故根由——植安全基因于职工骨子里》《亲情触动，幸福撬动，拉高“我要安全”心理横杆》《高扬自主管理风帆，夯实“153”安全文化根基》安全教育系列丛书。以系列丛书为载体，把安全目标、安全宗旨、安全理念、安全管理哲学和安全价值观等安全要素在教育引导过程中扩散、渗透、升华，将安全理念植入到骨子里、融入进血脉中，为大家所认识、认知、认同、认可；指导、约束、规范职工的安全行为，努力实现安全工作的持久稳定。

把安全理念融合渗透到职工心灵深处，成为职工认同的准则、遵守的规范，是一个长期艰苦的过程，需要有坚韧不拔的毅力和恒心。希望这套倾注大量心血和汗水、凝聚丰富实践经验的安全教育系列丛书，作为煤矿职工的必读教材，能够起到渗透理念、培育愿景、营造氛围，为安全生产提供强有力的精神动力和智力支持的作用。

兖矿集团有限公司总经理：

2019 年 5 月